庭果树栽培入门

收获100种美味水果

TING GUOSHU PEI RUMEN

[日]船越亮二 编
陶旭 译

长江出版传媒 湖北科学技术出版社

本书用法说明

植物名称

标记常用的植物名称。背景色代表收获季节。

■春 ■夏
■秋 ■冬

基本信息

标出植物的科名、特性、株高、原产地、适宜定植的时期、是否可以单株结果等基本信息和相应的养护信息。

栽种要点

在这里提示栽培过程中需要特别注意的处理、收获所需的重要条件。

利用方式

标出收获后常见的果实利用方式。

加工品……制成果酱、蜜饯、干果等。
生　食……收获后直接食用、催熟后连皮一起食用或剥皮后食用的类型。
果　酒……浸入酒精中，充分利用其色、香及营养成分，制成果酒饮用。
药　效……其叶或根可煎服入药，富含对人体有益的成分，可以作为中药材。

栽培方法

分项介绍果树的相应特征和栽培方法，结合插图，标出并介绍其中的重点环节。

目录

70 种最受欢迎的果树品种

30 种其他果树

70种 最受欢迎的 果树品种

对苹果、葡萄等常见果树及众多受欢迎的果树的栽培方法和造型方式进行介绍。

三叶木通

结出裂开大口子的果实，里面是已经熟透的白色果肉

基本信息

- 俗名“八月炸”，木通科，藤本灌木，藤长2~5 m
- 原产地：中国、日本等地
- 适合定植时期：12月至翌年3月
- 单株结果性：雌雄同株，需要至少2个品种混植
- 开花：4—5月
- 收获：9—10月
- 人工授粉：需要。植株长大后不再需要

●特征与品种选择

木通生于山野之间，自古以来作为山间野果而广为人知。除最常见的三叶木通外，还有5片小叶的品种、叶片成对互生的五叶木通，以及果实呈白色的白木通等品种。

●树苗定植

在半日照条件下也可以定植。如果是地栽，苗木定植或换盆作业应尽量安排在12月至翌年3月，并选择日照条件好的位置种植，对土质没有特殊要求。如果是盆栽，应在3月选择盆口直径约20 cm的花盆，使用赤玉土、腐叶土、沙的比例为6：3：1的盆土进行培育。

●修剪与造型

地栽的话，可以将主枝条牵引在搭好的架子上，也可以牵引到篱笆、拱门、立柱上。如果是盆栽，可以围绕着倒锥形支架以盘旋向上的方式牵引固定。

定植后正常养护3～5年才会开花结果，这期间要把长出的主枝条牵引固定。花芽从主枝条发出的短枝上萌发。如果将主枝条在水平方向上

修剪及花芽形成方式

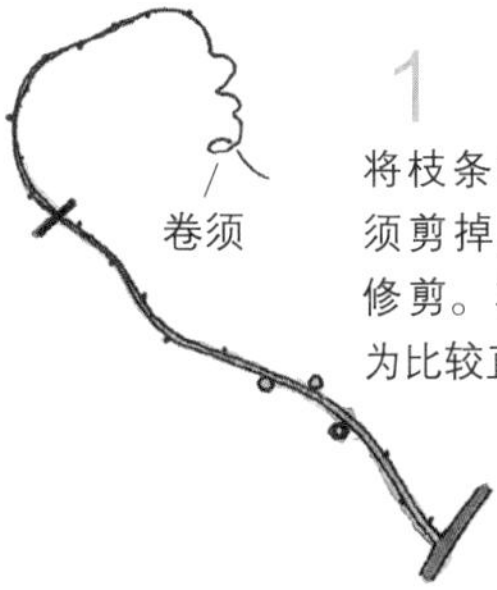

卷须

1 将枝条最末梢的卷须剪掉，进行摘心修剪。将枝条整理为比较直的状态

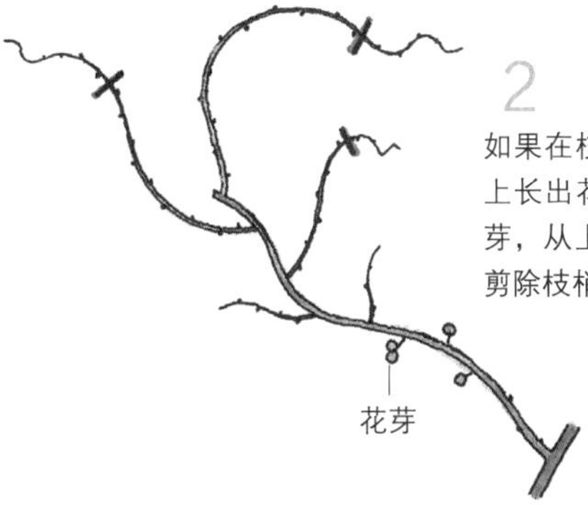

2 如果在枝条发出的短枝上长出花芽，则保留花芽，从上方较近的位置剪除枝梢的卷须

花芽

人工授粉

雄花

雌花

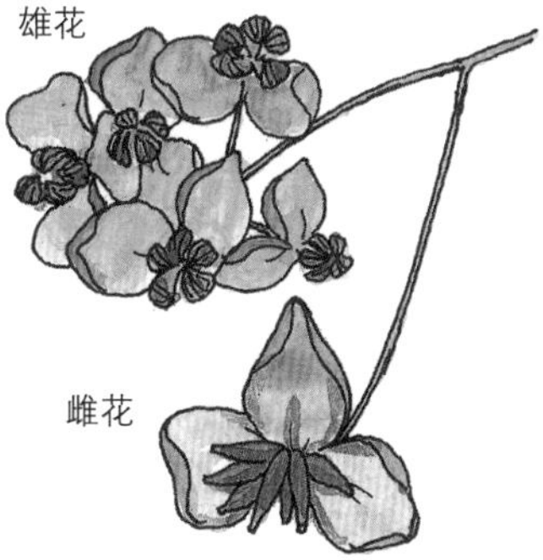

1 雄花为几朵集中开在花序顶端的形式，而雌花则是从花序的底部发出花轴，在花轴的顶端开两三朵花

2 将其他品种的雄花碰在三叶木通的雌花花蕊上授粉

3 人工授粉后通常都可以成功结果。由于雌蕊较多，所以每朵花会结出多个果实

4 疏果，留下 2 个形状较好的果实

牵引而呈横向生长，则会发出很多短枝。春季花芽膨大后将没有发出花芽的枝条回剪，修整植株整体的造型。秋季需要剪除过于疯长的枝条。

●提高果实品质

一般情况下木通同株同品种授粉困难，最好至少同时栽种 2 株相近品种的果苗。将苗的枝条向相对方向牵引，如果想提高授粉成功率，可以进行人工授粉，把雄花摘下来在雌花花蕊上擦涂花粉。

雌花从花序的底部开始伸展花轴，并在花序顶端开出很大的花，而雄花则是在花序顶端集中开花，两种花非常容易区分。如果没有开雄花则说明肥力不足。如果有开花较晚的品种，则需要剪取先开花的雄花雄蕊蕊头，放在暖和的地方即可收集到花粉。不需要给所有雌花人工授粉，授粉的时候注意相对均衡，尽量使结出的果实不要过于集中。

如果结果位置过于集中，则要把过于密集或

牵引在栅格上

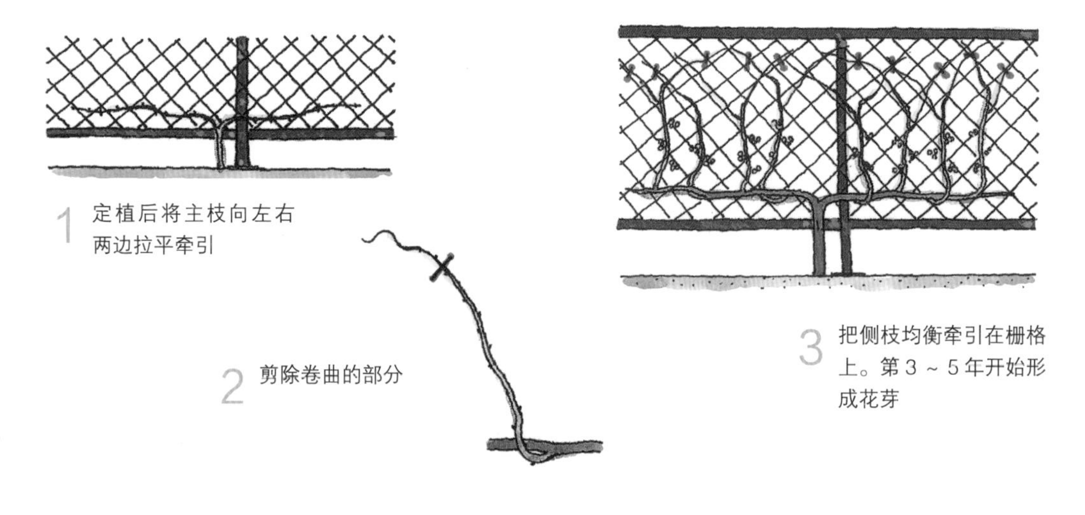

1 定植后将主枝向左右两边拉平牵引

2 剪除卷曲的部分

3 把侧枝均衡牵引在栅格上。第 3 ~ 5 年开始形成花芽

牵引在拱门上

1 剪除主枝上卷曲的部分。将下方的枝条搭在拱门上

2 在拱门的两侧各种 1 株，分别向中心牵引。尽快修剪侧枝，以促发短果枝萌出

叶子较少处的果实摘掉（疏果）。因为每朵花有多个雌蕊，授粉后会分别结出果实，所以如果遇到一花多果的情况，则要调整到一花两果的程度。为了不让植株消耗过大，需要注意尽早疏果。施肥方法为，在 1—2 月的落叶期根据植株大小施相应量的迟效肥料，在 5 月追施 1 次促结果肥。

●易发病虫害

需要警惕蚜虫、介壳虫及收获期的白粉病等。除冬季喷洒 1 次石硫合剂外，如果枝条过密则需要疏剪以改善通风和光照效果。

盆栽时牵引在倒锥形支架上

Q&A 木通自己播种可以种出来吗?

木通有很多野生品种，所以可以轻松通过播种得到树苗。

把种子外面的果肉充分清洗干净，在清水中浸泡一晚后即可播种，对所用土质没有特别的要求。用土把种子完全覆盖后充分浇水，保持湿润，第二年依然用原盆养护，再过 1 年后分盆栽种，每盆仅栽种 1 株，并分别做好支撑。这样正常养护 4 ~ 5 年后即可开花结果。

除了使用种子实生播种的繁殖方法外，也可以在春夏季挑选粗壮的枝条，修剪成 10 cm 左右长度的插穗进行扦插。还可以用压条的形式，建议选牵引造型时打算淘汰的枝条来做。

针叶樱桃

维生素含量丰富，最适合制作果汁等

基本信息

- 金虎尾科，常绿大灌木，株高3～5 m
- 原产地：中美洲、南美洲
- 适合定植时期：5—6月
- 单株结果性：有
- 开花：4—5月
- 收获：5月、9月
- 人工授粉：需要

●特征与品种选择

包括佛罗里达组的甜味品种和‘佛蒙特’（‘Vermont’）等酸味品种。播种实生苗可以在3～5年后结果。

●树苗定植

由于植株不耐寒，所以在非温暖地带需要盆栽培育。在5—6月选用盆口直径为12 cm的花盆，配置排水性好的土壤定植，在日照良好的地点养护。夏季需要避免西晒，如果盆土易干，则可以在植株底部铺放腐叶土等作为保湿层。冬季移至室内养护。

●修剪与造型

小苗阶段生长旺盛，为了避免枝条过于杂乱，需要在确定主枝后将其他枝条从底部剪除。开花之前的阶段将枝梢没有发出花芽的部分剪除。

●提高果实品质

定植后在3月和10月各施用1次缓释肥料，收获果实后追肥。

牛油果

果实油脂丰沛，堪称『森林黄油』

基本信息

- 学名“鳄梨”，樟科，株型既有直立型也有横展型，株高7 ~ 20 m
- 原产地：中美洲
- 适合定植时期：4—5月
- 单株结果性：异花授粉，须混栽
- 开花：5—6月
- 收获：8—9月
- 人工授粉：需要

●特征与品种选择

市面上常见以墨西哥原产的‘墨西哥拉’(‘Mexicola’)作为砧木的嫁接苗，包括直立型品种和横展型品种。

●树苗定植

尽量选择日照良好且冬季不会吹到北风的位置，喜排水性好的砂质酸性土。

将果实中的大种子横向埋入土中一半即可发芽。前期作为观叶植物欣赏，如果顺利生长并移栽到庭院中，养护 7 ~ 10 年可以开始结果。

●修剪与造型

通过摘心促进侧枝生长，并可以预防徒长，但需要及时疏整过于杂乱的部分。

●提高果实品质

花芽在初冬季节形成，初夏时开花。开花虽多，但自然落果较多，实际结果较少。春季、夏季及秋季用缓释肥料追肥。

杏

开花和结果都很赏心悦目，是很好的兼顾观赏性和食用性的果树

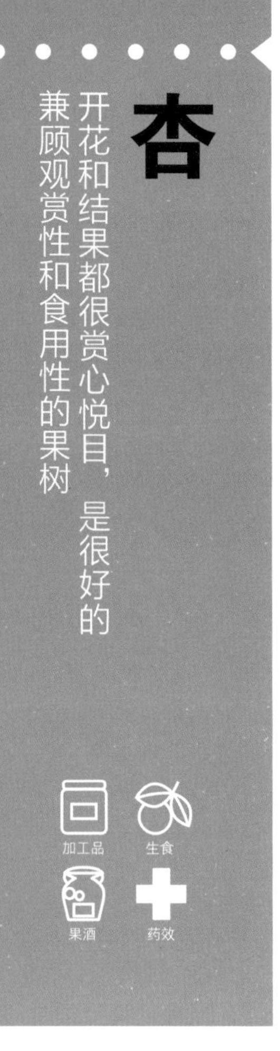

基本信息

- 蔷薇科，落叶乔木，株高2.5~3 m
- 原产地：中国
- 适合定植时期：3月至4月上旬、12月下旬
- 单株结果性：有
- 开花：3—4月
- 收获：6—7月
- 人工授粉：需要（‘平和号’不需要）

●特征与品种选择

杏是桃的近亲，英文名 apricot，日本也称其为“唐桃”。杏花很漂亮，所以在植株造型时最好同时兼顾观赏效果。喜冷凉及降雨较少的生长环境，特别是对于原产欧洲的品种来说，基本的栽种条件之一为夏季凉爽。

适于直接生食的品种有‘信州大实’、‘黄金栈’（‘Goldcot’）、‘广岛大实’等。适于制作果酱或糖浆的品种有‘平和号’‘新潟大实’‘山形3号’等。我国的名优品种有‘北寨红杏’‘金太阳杏’‘串枝红杏’等。

●树苗定植

通常树苗于12月左右上市，可以在12月下旬定植栽种。如果是在较寒冷的地区，则需要先在较温暖的地方假植，盖上较厚的土层保护，到翌年的3月至4月上旬再进行定植栽种。

在庭院中栽种时，需要选择排水性和光照均良好的地方。如果是盆栽养护则要在剪掉粗根后定植，并将植株高度修剪到花盆1倍的高度。植株不耐过湿，较耐旱，所以要注意避免浇水量过大。

‘平和号’

‘信州大实’

‘昭和’

摘果

盆栽的情况下，盆口直径 25 cm 的花盆控制在 10 个果左右

疏果时要注意拉开间隔，避免让果实重叠在一起

●修剪与造型

如果是盆栽，可以修剪成模样木风格的造型，反复将新枝剪除 1/3，直到得到理想造型。

如果已经控制住了主干的顶端优势生长，则在 1—2 月将前一年新长出的枝条修剪到只剩 1/3 的长度，可以促使短枝（短果枝）萌发并长出花芽。第二年这些花芽会开花结果，而且有的时候甚至会出现只有顶芽是叶芽，侧芽都是花芽的情况。

长出短果枝已有两年的枝条需要从底部剪掉，以促进从旁边长出新枝。枝条过密时需要从枝条底部疏剪。

●提高果实品质

除‘平和号’品种可以单株授粉外，其他品种都要混植梅子树、桃子树或李子树，收取花粉人工授粉的话更容易确保效果。由于开花观赏效果好，所以尽量不疏花，而是在果实长成小指肚大小的时候适当疏果。

盆栽时需要控制植株为隔年结果。收获果实后第二年将根剪除 1/3 后换盆，主要为了促进枝叶生长，避免连年结果。

庭院栽培时的植株造型方法

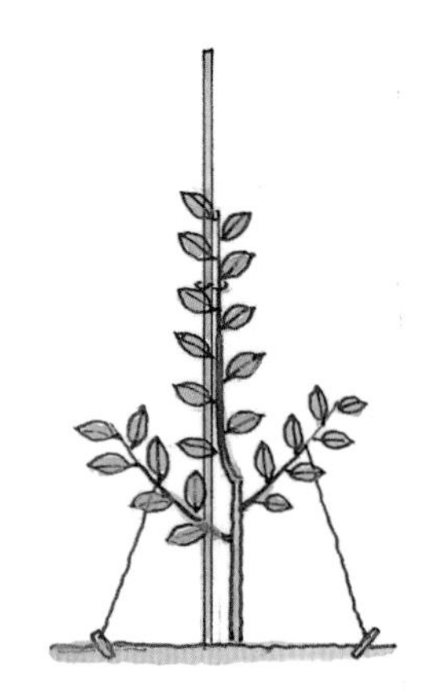

1 定植后加支架固定，并将植株回剪至 50 ~ 60 cm 的株高。夏季使用绳子将向上方生长的枝条向下拉到近于水平的状态

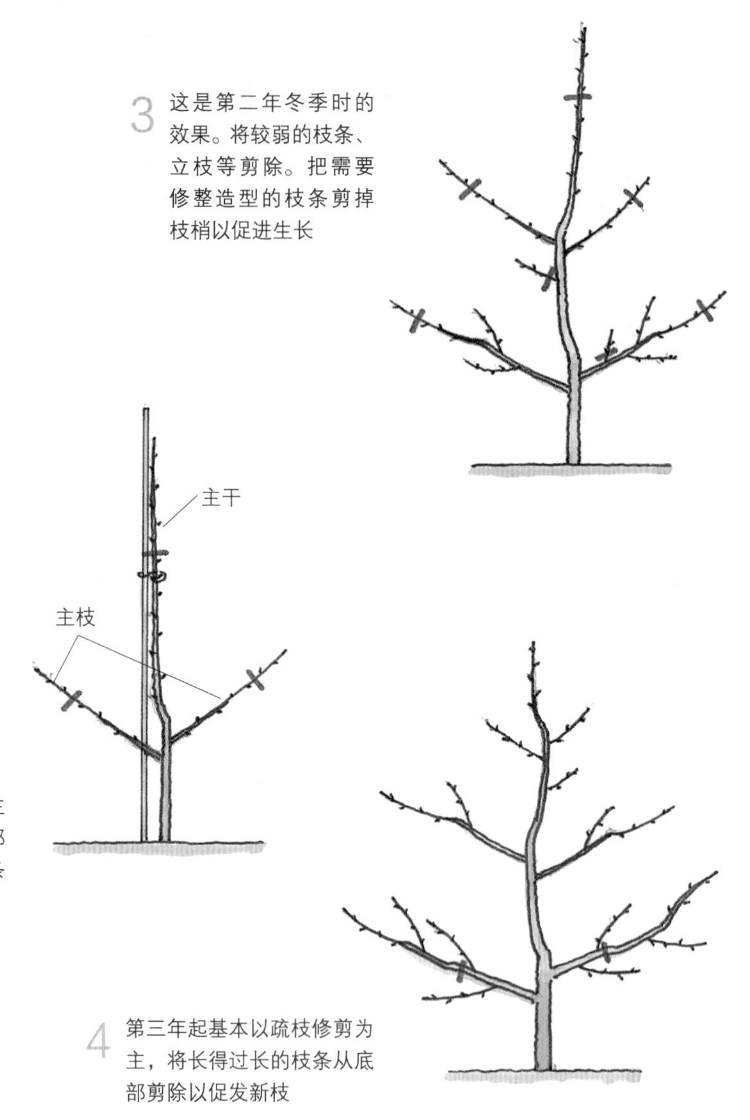

2 第一年的冬季，将主干和主枝新长出的部分剪掉 1/3，其他枝条都剪除

3 这是第二年冬季时的效果。将较弱的枝条、立枝等剪除。把需要修整造型的枝条剪掉枝梢以促进生长

4 第三年起基本以疏枝修剪为主，将长得过长的枝条从底部剪除以促发新枝

●施肥方法

每年 1—2 月在植株周围挖开土壤并埋入肥料。对于盆栽来说，在定植 1 个月后及其后的早春和秋季时施用缓释固体肥料。

●需要警惕的病虫害

要注意果实出现黑斑病。梅雨季节时需要及时剪除出现黑斑的果实，避免扩散。还需要预防蚜虫、介壳虫和立枯病。

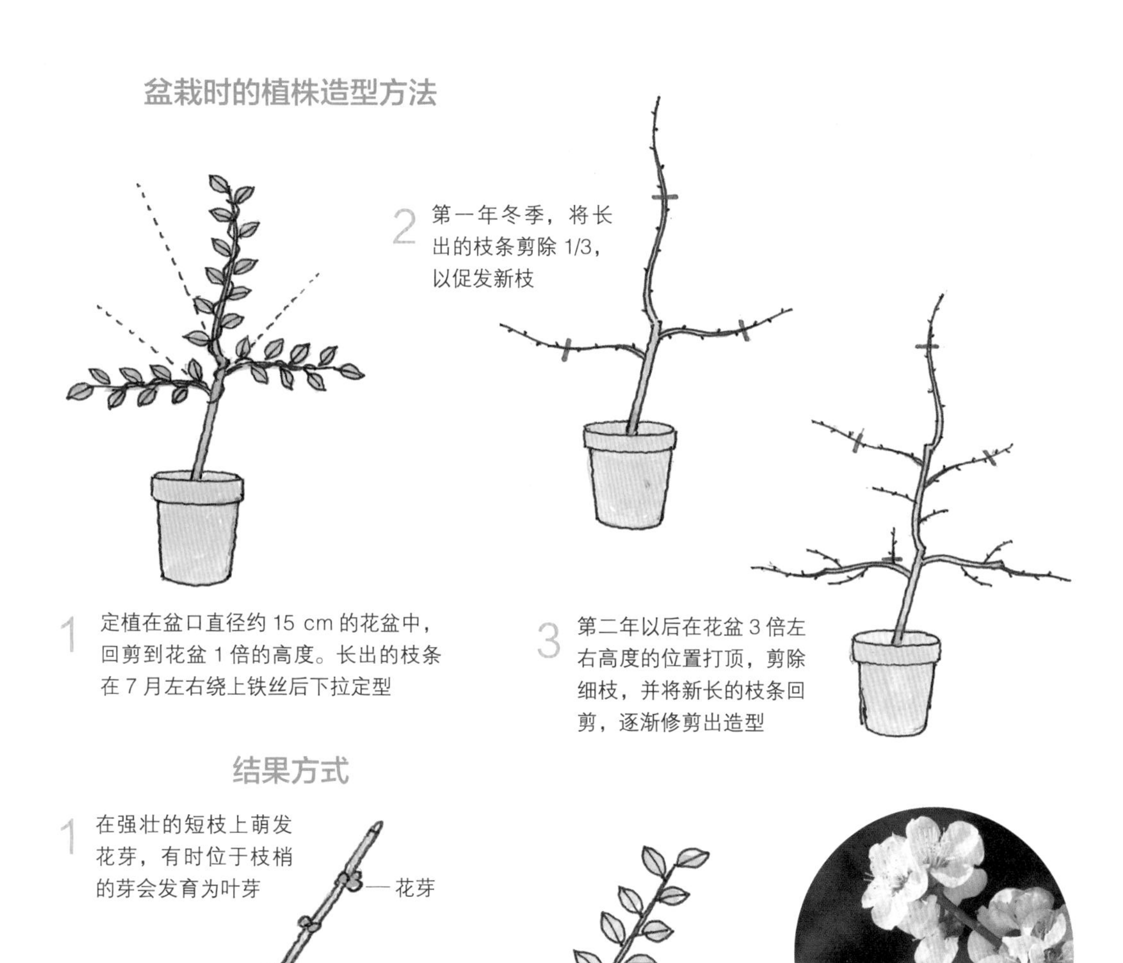

‘信州大实’的花

Q&A 有可能一直把植株控制在较小的状态吗？

杏树如果放任不管则树高可以超过 3 m，但如果反复修剪则可以适当控制植株高度。

可以确定一个理想的植株大小，以此为参照，将新枝修剪到 1/3 长度左右，之后则修剪主干，抑制其过度生长，还要将过长的侧枝和向上方生长的枝条剪除。

已经长出短枝两年的枝条要从枝条底部剪除，促使旁边的新枝萌发，更新为可以结果的枝条，这样就可以在保持造型的前提下不断从新枝收获果实了。

无花果

枝条生长旺盛，至少每年修剪1次

基本信息

- 桑科，落叶中乔木，株高2～3 m
- 原产地：西亚
- 适合定植时期：3月
- 单株结果性：有
- 开花：6—10月
- 收获：6—7月、8—10月
- 人工授粉：不需要

●特征与品种选择

最常见的除了夏、秋两季果的大果‘马苏道芬’(‘Masui Dauphine’)、长势旺盛的‘蓬莱柿’、灌木型的‘布朗土耳其’（‘Brown Turkey’）、秋果专用且甜味重的‘龙黑’（‘Negro Largo’）外，还可见‘赛来斯特’（‘Celeste’）、‘白热那亚’（‘White Genoa’）等品种。

●树苗定植

适定植于降水较少的温暖地带。在气温低于-9 ℃的环境下较难栽培，建议采用盆栽方式。

选栽种位置前要预先使用白云石灰（苦土石灰）中和酸性土壤。如果土质排水性过强，则需要加入一些保水的介质堆在树苗周围。定植后将枝条回剪1/3左右，以促发新枝。定植后当年结的果实全都摘除，以促使植株强壮。

●修剪与造型

庭院栽培时，可以将枝条牵引成左右平行展开的“一”字形造型，或是4根枝条分别向4个方向伸展的杯状立体造型。从横向枝（主枝）长出的枝条在2—3月时留2个芽后回剪，春

杯状立体植株造型

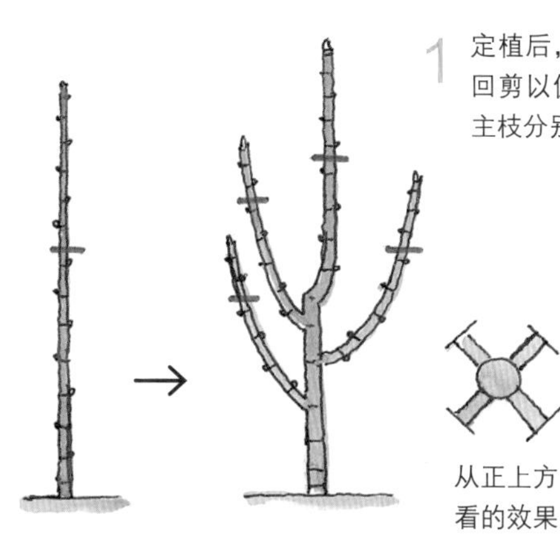

1 定植后，从芽与芽之间的位置回剪以促发新的枝条。让 4 个主枝分别朝 4 个方向均衡生长

从正上方看的效果

2 2—3 月，将从主枝发出的结果枝（会结出果实的枝条）在留 2 个芽的位置回剪

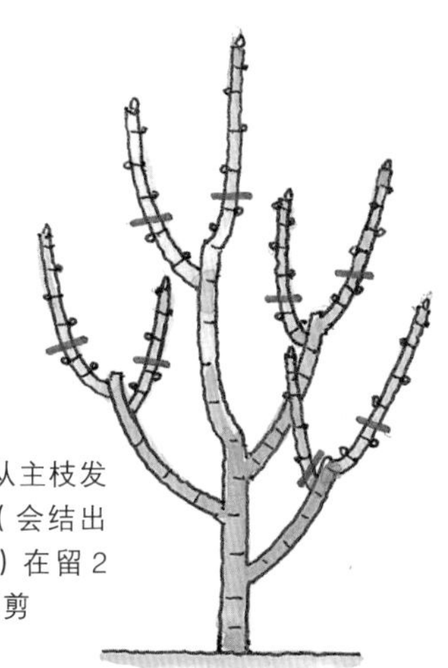

“一”字形植株造型

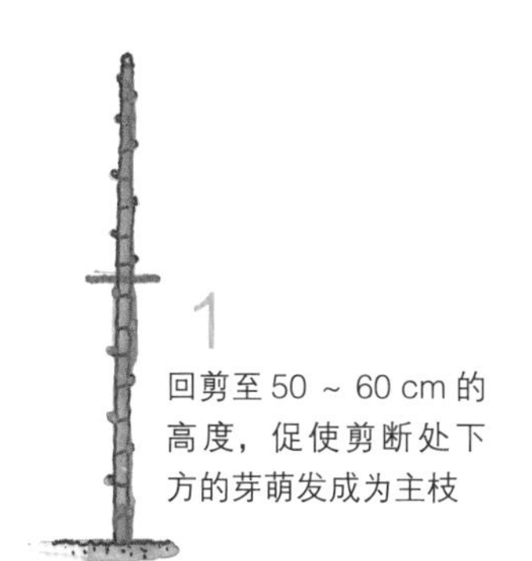

1 回剪至 50 ~ 60 cm 的高度，促使剪断处下方的芽萌发成为主枝

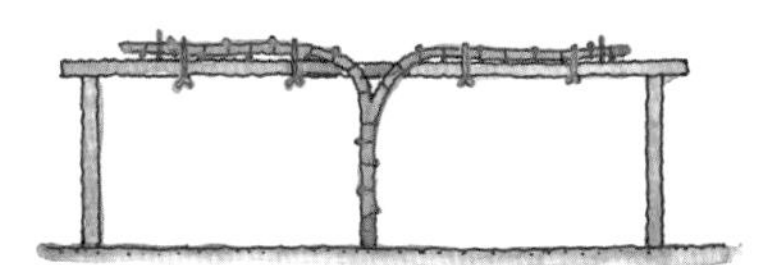

2 第二年春季将枝条牵引在支架上，冬季将枝条回剪 1/3 以育成结果枝

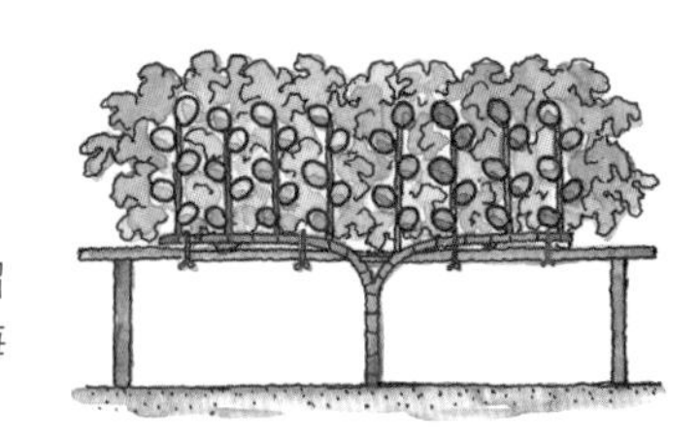

3 将已经结果的枝条在留 2 个芽的位置回剪。每年重复这样的处理

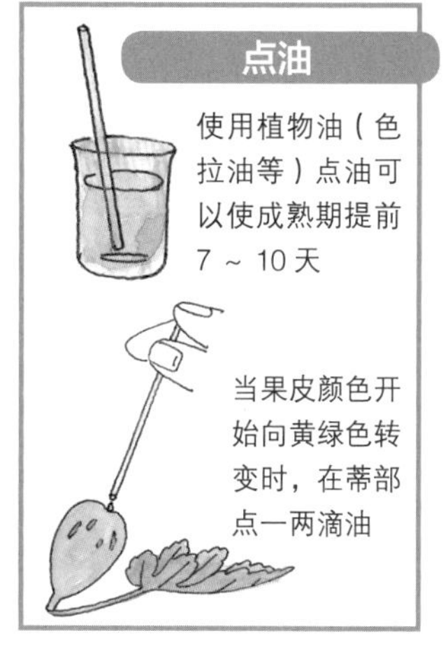

季这些芽会萌发结果。由于枝条较容易下垂，所以需要搭支架牵引来保持造型状态。对于从春季开始膨大的夏果，在其直径达 1 ~ 2 cm 时按照每根枝条 3 ~ 5 个果的标准进行疏果。

如果采用盆栽方式，可以处理成自然树形，维持 3 根枝条结果的状态。

●施肥方法

如果是盆栽，则在 3 月时将三四粒固体肥料埋入花盆边缘，并在采收后追肥。

●需要警惕的病虫害

无花果整体上抗病虫害的能力较强，但在梅雨季节时有可能会出现白霉，秋季连续降雨时可能会出现黑霉，需要仔细观察，如发现有病态的叶子或果实，需要及时剪除。建议每数年进行一次枝条扦插，以更新植株。

梅子

自古以来深受人们喜爱的果实

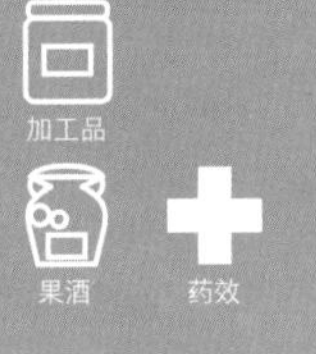

基本信息

- 蔷薇科，落叶乔木，株高5～10 m
- 原产地：中国
- 适合定植时期：12月至翌年3月
- 单株结果性：部分品种需要其他品种的花粉才能结果
- 开花：2—3月
- 收获：6月
- 人工授粉：需要（对于没有花粉的品种来说需要栽种授粉树）

●特征与品种选择

对于梅子树来说，有主要食果的品种，也有主要用于赏花的品种。在食果的品种中，常见的有具备单株结果性的‘小粒南高’‘丰后’‘梅乡’，以及需要其他品种的花粉的‘白加贺’‘南高’等。在较寒冷的地区，适合栽种花期较晚且耐寒性好的丰后系列品种。

●树苗定植

庭院栽培时，需要选择光照充足、排水性好、通风好且土壤肥沃的位置栽种。如果地表土层较浅，则需要至少深挖 50 cm，加入腐叶土、堆肥、底肥等再定植。注意开花期时避免寒风猛吹，并警惕霜害。梅子的根萌动较早，每年 12 月至翌年 3 月上市的苗木买来后要尽快定植，定植后需要搭支架辅助支撑并将树苗回剪至 50 ～ 60 cm 高。

●修剪与造型

庭院栽培时，通常采用主干型或自然树形植株造型。长出的立枝比较多，对于枝条过于密集的地方需要疏枝，剪除不必要的枝条。如果区分

‘小梅’

‘白加贺’

‘南高’的花

‘丰后’

不出枝条的必要性，则将长枝从枝条底部剪除，短枝保留。

主干打顶后就开始尽量不再大幅修剪，以轻度修剪的方式为主，在给植株造型时注意避免出现过于强势的枝条。将新发出的枝条回剪 1/3 后，翌年的 6—7 月时会发出很多短枝，并在 8 月上旬萌发花芽。从品种的特性来看，通常较长的枝条不容易结果。

盆栽的情况下，通过将外芽和内芽交替修剪，可以处理成模样木风格的造型。开始的几年需要尽量避免开花，以促使植株足够强壮。

●提高果实品质

可以同株授粉且花粉充足的品种较少，大多数品种无法实现同株授粉，所以需要人工授粉。大果品种‘白加贺’‘玉英’等没有花粉，必须另外搭配种植授粉树才能结果。

●施肥方法

地栽时，于 1 月挖开枝梢附近的土面并埋入缓释固体肥料。如果采用盆栽方式，则应在定植

庭院栽培时的主干型植株造型

盆栽时的模样木风格植株造型

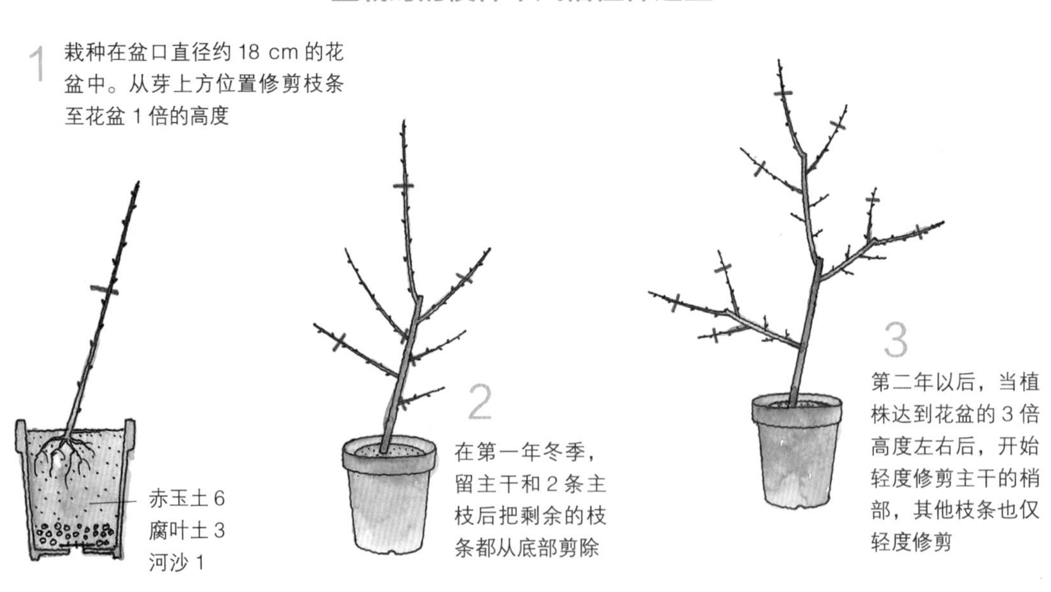

后 1 个月及之后每年的 2 月、4 月、9 月将 3 ~ 5 粒固体肥料从花盆边缘埋入盆土中。

●需要警惕的病虫害

在萌发叶片的时期易发蚜虫。蚜虫会附着在叶片背面吸食植物汁液，所以一旦发现有卷曲的叶片要马上喷药防治。晚春时节在枝条上易出现拉出白丝的天幕毛虫（枯叶蛾科天幕毛虫属的幼虫），需要在叶片被啃食前剪除。

在落叶后较冷的时期喷洒石硫合剂可以有效预防病害及蚜虫。

修剪长枝

1 修剪后梅子树的枝条会越来越多，所以需要适当剪除不必要的枝条

2 在同一个方向上会长出很多长枝，除了需要保留的枝条，都从底部剪除

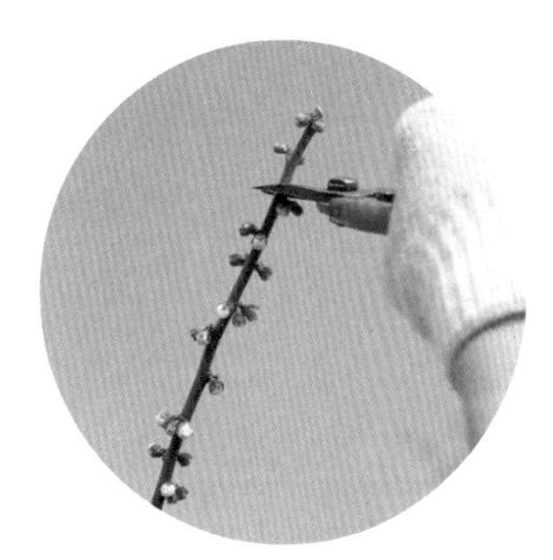

3 保留的枝条也要修剪枝梢，以促发第二年的短花枝（开花的枝条）

4 右侧的枝条完成了立枝疏剪，左边的枝条尚未修剪

5 修剪过的枝条开花效果好，不会因枝条过少而影响观赏

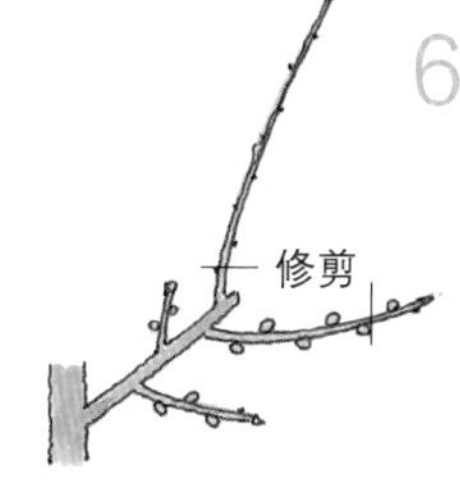

6 徒长枝条不会萌发花芽，应将不必要的枝条从底部剪除

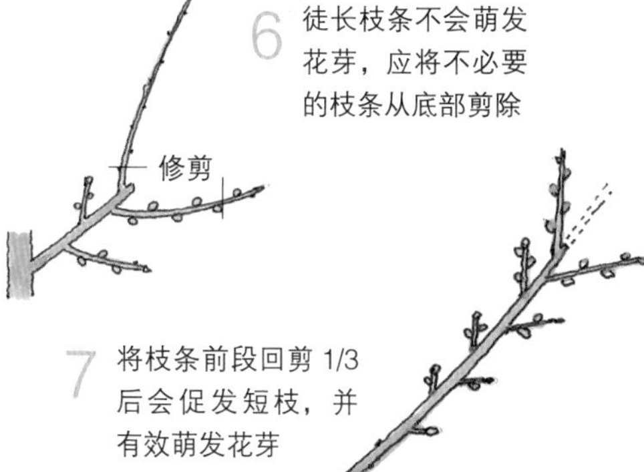

7 将枝条前段回剪 1/3 后会促发短枝，并有效萌发花芽

Q&A 该怎样人工授粉呢?

所谓的人工授粉，是将用于授粉的花粉沾在需要结果的花的雌蕊上的操作。虽然直接把要授粉的雄花和雌花对起来也可以完成授粉，但如果使用毛笔或小毛刷之类的工具进行授粉的话效率更高。

由于梅子的结果品种中，晚花类型的比较多，对于提供花粉的花早开花的情况，可以在马上要开花前摘下花苞留取花粉（雄蕊的尖端），干燥后收集起来放在冰箱中保存。

为了确保授粉效果，可以在花开两成到全开的过程中，选择在晴好的天气下实施多次人工授粉。

油橄榄

早在古希腊时期就深受人们喜爱的果实

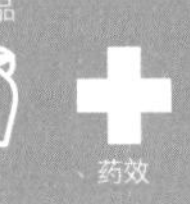

加工品

果酒　药效

基本信息

- 学名"木犀榄"，木犀科，常绿小乔木，株高3～5 m
- 原产地：西亚至非洲
- 适合定植时期：4—5月、9月至10月上旬
- 单株结果性：有些品种需要其他品种的花粉才能结果
- 开花：6月
- 收获：10—11月
- 人工授粉：需要

●特征与品种选择

易培育、常见的品种有适合加工制作泡菜或腌菜等的'使命'（'Mission'）、用于加工的'曼萨尼约'（'Manzanillo'）、既可以用作授粉树又可以作为观赏树的'内瓦迪洛·布兰科'（'Nevadillo Blanco'）等。如果采用盆栽种植则最好选择株型偏小的品种。

●树苗定植

地栽定植位置的基本条件是：光照充足，土壤排水性、透气性良好。如果是保水性好且肥沃的土壤，则结果效果会更好。这种植物忌酸性土壤，需要在定植位置的土壤中事先掺入白云石灰以调整酸碱度。选在 4 月至 5 月或 9 月至 10 月上旬，挖较深的树坑定植。充分浇水后在根部覆盖堆肥和腐叶土。在多雨的地区，土壤会逐渐变为酸性，需要隔几年往土中掺入白云石灰。

●修剪与造型

这种树即使放任不管也可以保持较好的造型，所以只须在枝条过于密集时轻度疏剪，每隔 3 ～ 4 年在出芽前将粗枝回剪以促发新枝。

庭院栽培时的主干型植株造型

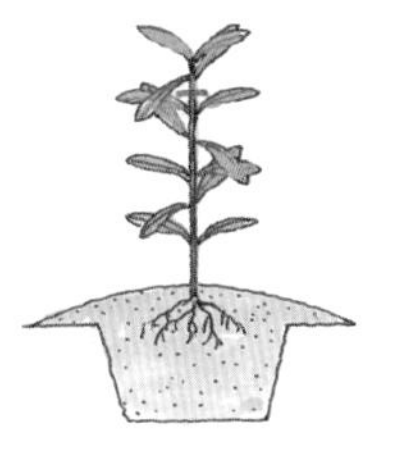

1 在掺入两把白云石灰的位置浅植树苗，并回剪枝条

2 将主干和 2 根侧枝的枝梢回剪，并将其他枝条从底部剪除

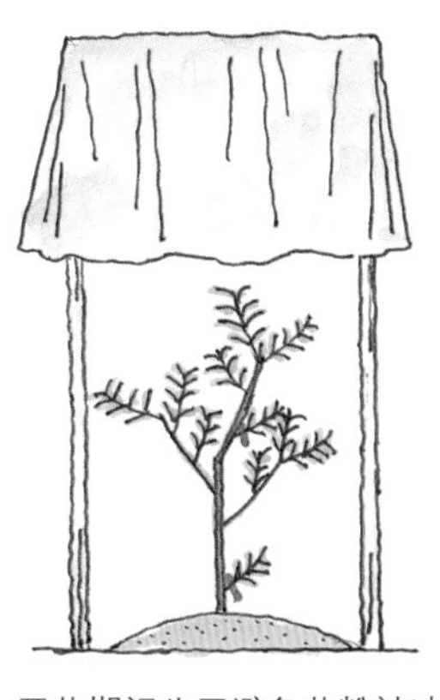

开花期间为了避免花粉被冲走，可以搭建临时的雨棚

3 回剪作为主干的枝条，疏剪其他枝条以保证良好通风

结果方式

1 春季来临前，在没有结果的枝条上会形成花芽

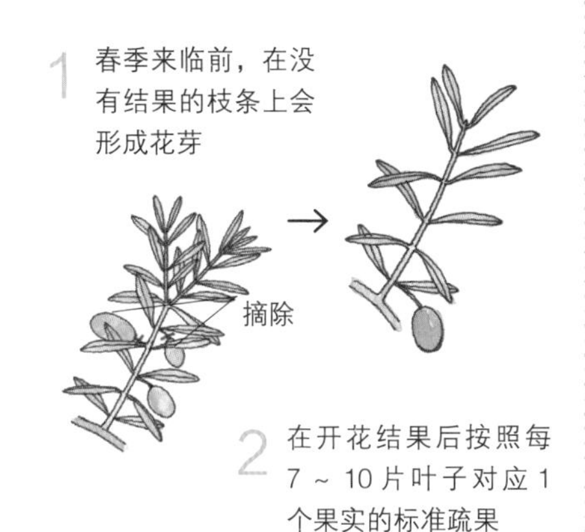

2 在开花结果后按照每 7 ~ 10 片叶子对应 1 个果实的标准疏果

盆栽时的自然树形植株造型

如果枝条过密则需要进行相应的疏剪

每 1 ~ 2 年将植株脱盆 1 次，将根系周围的土壤稍稍打散后再重新定植

●提高果实品质

这是一种树龄千年仍可以结果的长寿植物。通常在前一年长出的枝条上萌发花芽，开花后结果。如果结果过多则会导致第二年不再结果而是隔年结果的状况，所以需要按照每 7 ~ 10 片叶子对应 1 个果实的标准，将生长得较弱的果实尽早疏果。绿色的果实从黄变黑即说明熟透了。

●施肥方法

每年在出芽前（3 月）、开花后（6 月）及秋季追肥 3 次。

●需要警惕的病虫害

油橄榄象鼻虫会在树干上打洞钻进去造成植株枯死。如果发现类似于木屑样的粪便，要找到树皮上被打洞的地方注入杀螟松乳油。

橙

瓦伦西亚橙是晚生品种，需要等到5—6月才能采收

基本信息

- 学名“甜橙”，芸香科，常绿灌木，株高1～1.2 m
- 原产地：印度东部
- 适合定植时期：3月下旬至4月
- 单株结果性：有
- 开花：5月
- 收获：12月至翌年3月
- 人工授粉：不需要

特征与品种选择

喜夏季凉爽且冬季温暖的少雨地带。主要品种有脐橙、瓦伦西亚橙等。植株不耐寒，所以在冬季时要在树干上围草帘防寒。

树苗定植

选在3月下旬至4月气温较稳定时定植。喜稍偏酸性的土壤。在栽种嫁接苗时要注意，不能把嫁接接口处埋入土中。对于特别不耐寒的瓦伦西亚橙来说，需要栽到花盆中，冬季移入室内越冬。

修剪与造型

需要将植株打顶摘心，打造成较低矮的主干型造型。修剪应选在2月下旬至3月初期间。在没有定型前，为了促进枝条的生长需要将枝梢剪除。对于已经可以开始收获的植株来说，要将旧的结果枝从底部剪掉以促进更替新枝。

提高果实品质

脐橙不需要授粉，但其他品种需要在附近栽种夏橙并用其花粉进行人工授粉。由于经常发生生理落果（特别是瓦伦西亚橙），所以需要在开

盆栽时的模样木风格植株造型

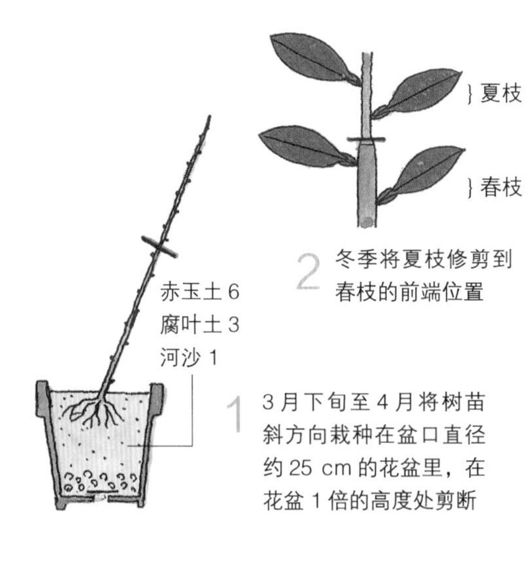

1 3 月下旬至 4 月将树苗斜方向栽种在盆口直径约 25 cm 的花盆里，在花盆 1 倍的高度处剪断

2 冬季将夏枝修剪到春枝的前端位置

3 第二年初夏用铁丝将枝条横向定型

4 第三年春季，将较弱枝条的前端剪除以促发新枝

疏果

从生理落果期结束后的 7 月中旬开始，按照每 40 片叶子对应 1 个果实的标准进行疏果

在 8 月下旬进行第二次疏果，参考标准为每 80 片叶子对应 1 个果实

对于瓦伦西亚橙来说，有时会出现在收获前结出当年开花结的果实，这种果实要在收获后马上剪除

庭院栽培时的植株造型方法

定植后回剪至 50 ~ 60 cm 高，第二年春季留 2 根侧枝，将主干回剪至 1/3 的位置。之后反复做同样处理以促发侧枝，用 4 年时间完成主干型植株造型

花 2 周后喷洒稀释 10 000 倍的赤霉素药液，冬季需要给果实套袋以避免落果。瓦伦西亚橙如果成熟后没有及时采收还会再次变绿（返青现象）。

●施肥方法

2 月将植株周围的土挖开并埋入缓释固体肥料。如果肥力不足叶片颜色不好会影响结果。

●需要警惕的病虫害

如果雨量过多则易发溃烂，需要遮雨或将盆栽移入室内避雨。

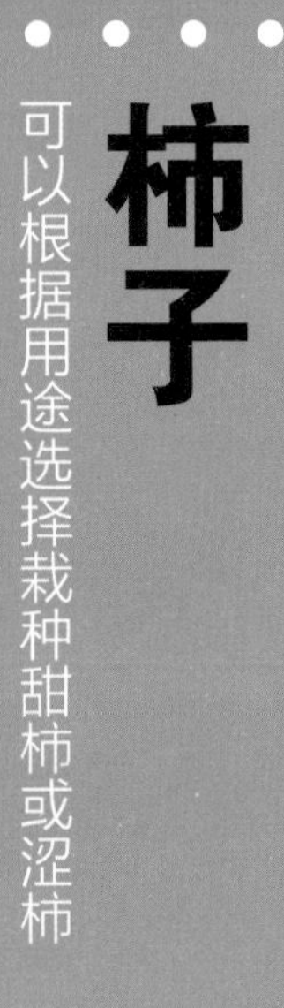

基本信息

- 柿科，落叶中高乔木，株高10～12 m
- 原产地：中国
- 适合定植时期：12月至翌年3月上旬
- 单株结果性：'富有''次郎'最好有授粉树
- 开花：5月
- 收获：9—11月
- 人工授粉：需要

特征与品种选择

柿子的品种包括可以直接生食的完全甜柿、种子多就比较甜的不完全甜柿、只有种子周围甜的不完全涩柿、即使有种子也很涩的完全涩柿等。对于比较冷的地区来说，即使是甜柿品种也无法完全脱涩，因而建议选择种植涩柿。对于冬季最低气温在 0 ℃以上的地区则建议种植甜柿品种。

树苗定植

地栽的柿子树喜日照和排水良好、通风好的位置，忌土壤过湿。有的品种不经授粉就可以结果，而'富有''次郎'等品种基本不会开雄花，所以需要在附近种植开雄花的品种。

盆栽的话，选用盆口直径约 25 cm 的较高的花盆，在 2 月定植，定植后回剪至花盆 1 倍的高度。为了防止过度干燥，要在盆土表面铺腐叶土等覆盖介质。

修剪与造型

庭院栽培时采用主干型或杯状型植株造型。开始的时候通过将新枝回剪至 1/3 长度来不断调整树形。盆栽的话，植株按照花盆的 2.5 ～ 3 倍

‘禅寺丸’

‘次郎’的花

‘富有’

‘甲州百目’

的高度处理成模样木风格的造型。

●提高果实品质

雌花开放后 1 ~ 2 天，用雄花涂抹雌花或用毛笔尖取花粉沾到雌花花蕊的柱头上进行授粉。对于不用授粉就可以结果的种类来说，如果一年结果过多有可能导致隔年才能再结果，所以需要进行疏蕾和疏果。疏蕾的基本标准为一根枝条上留 3 朵雌花，把剩余较弱的花蕾摘掉。5 月下旬至 6 月下旬，一些没有切实结果的果实会发生生理落果。过了这个阶段后进行疏果，每根枝条留 1 个果实。

盆栽定植后 2 ~ 3 年为壮苗期，要从第三年或第四年再开始收获。一株植株结 2 ~ 5 个果比较合适。结果后在 3 月换盆，当年不再让植株结果以恢复植株元气。

结果方式

1 在新枝中，比较强壮的短枝的枝头及其下方的几个芽会形成花芽

2 第二年从花芽上发出新枝，雌花开花并结果。在前一年的枝条长出的短枝上萌发雄花

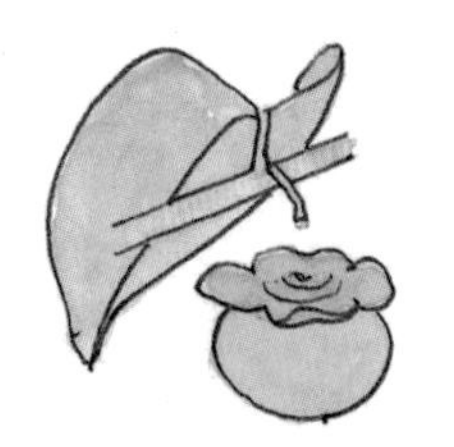

与萼裂不同，发生生理落果时是连同果萼一起掉落的

结果过多的枝条会生长缓慢，并影响下一年的结果状况

庭院栽培时的主干型植株造型

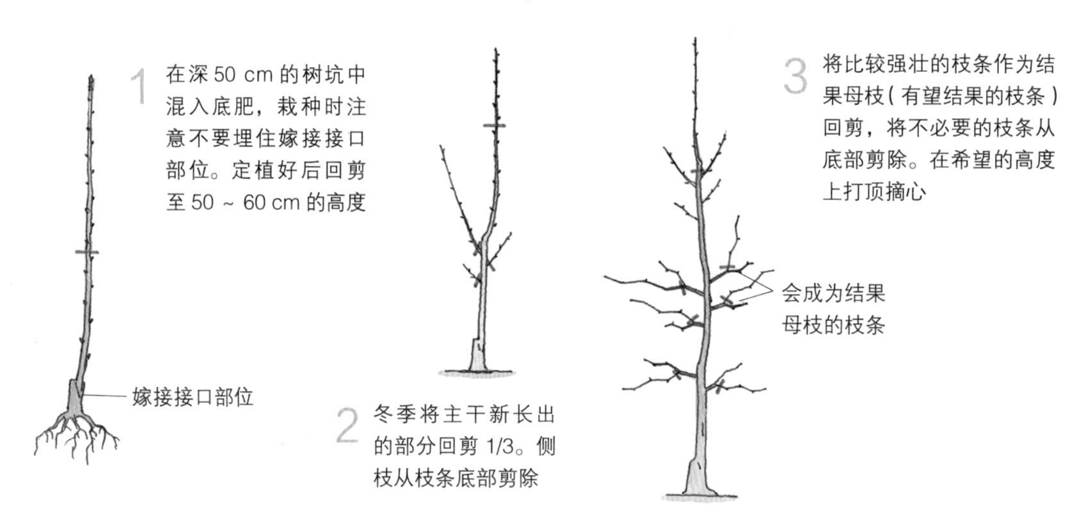

●施肥方法

1—2 月施冬肥，将树的周围土壤挖开并埋入缓释固体肥料。需要注意如果施肥过量有可能造成难于萌发花芽。

●需要警惕的病虫害

‘富有’‘次郎’等在果实和果萼之间易裂，这是一种称为“萼裂”的生理缺陷，通常是秋季连续降雨导致的。10 月出现的黑色条纹也属生理缺陷，并非染病。果实不断膨大后，会招来害虫啃食，可以喷洒阿尔特兰水溶液等进行预防。

●推荐食用方法

甜柿可以直接生吃或当作蛋糕食材。涩柿则可以去皮后晾干做成柿饼享用。

植株造型

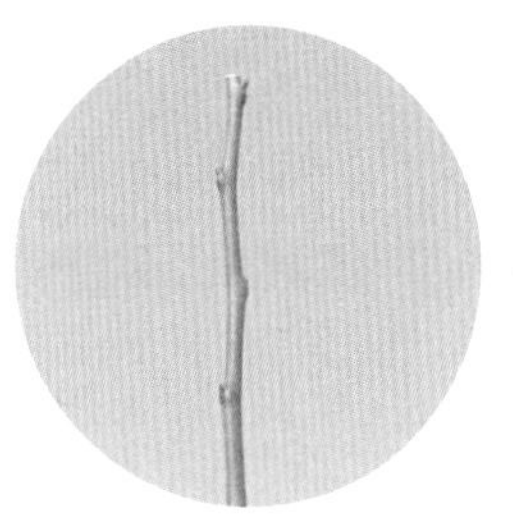

1 中心枝条在顶端轻度回剪，让其作为主干继续生长

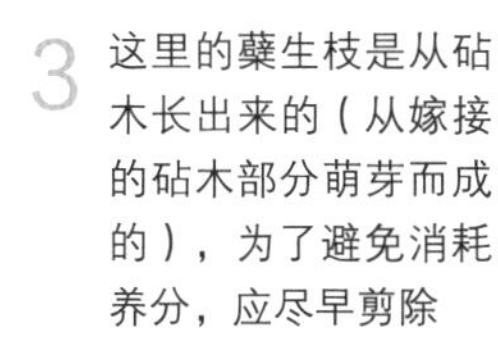

3 这里的蘖生枝是从砧木长出来的（从嫁接的砧木部分萌芽而成的），为了避免消耗养分，应尽早剪除

2 将较粗的侧枝从枝条底部剪除

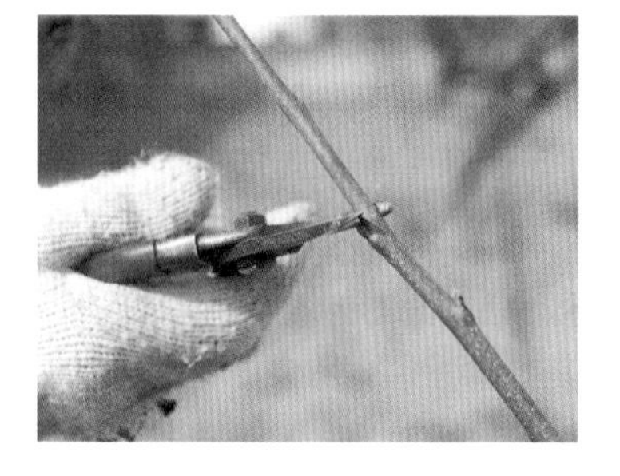

4 较长的枝条从细长的叶芽上方剪除，在塑造植株造型的阶段可以剪掉花芽

夏季修剪

Q&A 如何将涩柿脱涩？

将果萼部分用酒精度不低于 25 度的酒浸泡，擦拭干净后密封入塑料袋中，在室温下放置 1 ~ 2 周时间，果萼变橙褐色后可以试尝以确认脱涩状况。

此外，可以把涩柿去皮后吊挂在通风良好的地方制成柿饼，或把涩柿放入箱子等处保存起来，待自然变软后也很好吃。

果萼在烧酒中浸过后可以脱涩

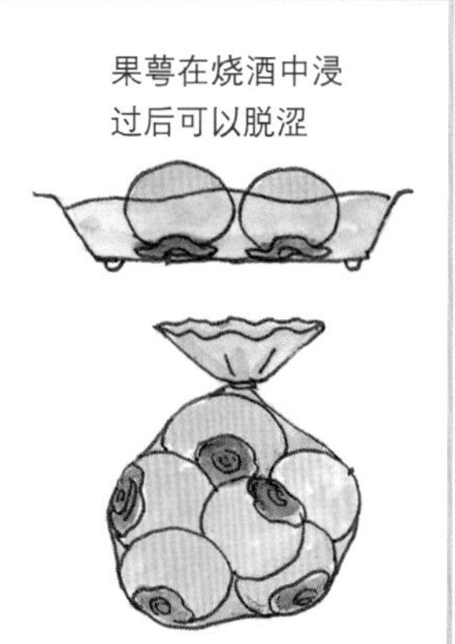

黑加仑

黑色的果实酸味浓郁，是醋栗的近亲

加工品

果酒

基本信息

- 学名“黑茶藨子”，虎耳草科，落叶灌木，株高1～2 m
- 原产地：欧洲、北美洲
- 适合定植时期：3月
- 单株结果性：有
- 开花：4—5月
- 收获：6—7月
- 人工授粉：不需要

●特征与品种选择

黑加仑是醋栗的近亲，也称“黑醋栗”。常见品种的果实颜色为黑色、红色和白色。

●树苗定植

比较耐阴但不耐旱，所以地栽最好选择不会有西晒的半日照位置栽种。喜通风良好、弱酸性土壤的环境。需要在夏季高温期和定植后在植株根部铺腐叶土等覆盖介质，以防土壤过干。收获之前一直不能断水，需要随时保持湿润状态。盆栽需要种在盆口直径约 20 cm 的花盆中，植株造型呈丛状。

●修剪与造型

庭院栽培的话，每年会从植株底部长出很多强壮的根蘖，通常仅剪除没必要的蘖枝即可，但隔 2 ～ 3 年要将已经结果的枝条从底部剪除，以促发强壮的新枝。通常每 1 ～ 2 个月修剪 1 次。

如果是盆栽的话，需要疏剪枝条密集的位置以保证植株内部的通风，同时还要注意控制整体的枝条数量，以避免造型过于扩张。

庭院栽培时的植株造型方法

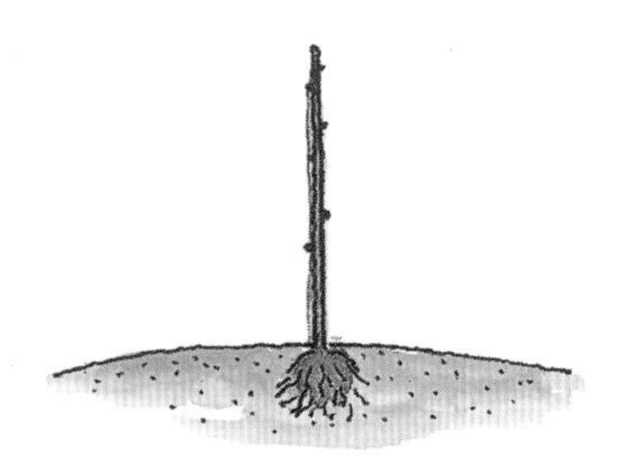

1 3月将植株定植在已经掺好底肥的土壤中，不需要回剪

2 夏季会从底部发出很多强壮的枝条。第二年即可开始收获

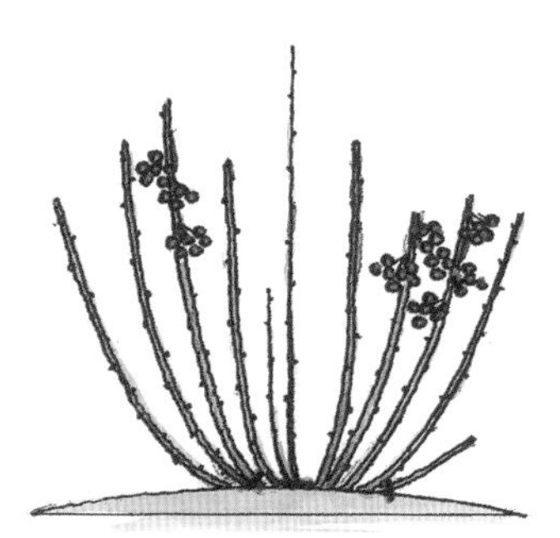

3 第三年之后的冬季对过于杂乱的部分进行疏枝，以改善光照效果

4 收获时将果实整串剪下，待一根枝条上的所有果实都收完后把这一根枝条从底部剪除

落叶后枝条走向比较清晰，此时适宜修剪

●提高果实品质

培育过程中最需要注意的是避免夏季过度干燥和安全度过暑热期的问题。可以将树苗种在落叶树的树荫下，或是种在花盆中并移到比较通风的位置。

●施肥方法

将肥料掺入根部附近的土壤中，2月上旬用迟效肥料、4月用缓释肥料。

●需要警惕的病虫害

如果环境过于温暖，则易发白粉病、叶斑病等，需要喷洒药物预防。

●推荐食用方法

可用于制作果酱和果酒。因黑加仑富含花青素，所以通常认为其对眼睛有益。

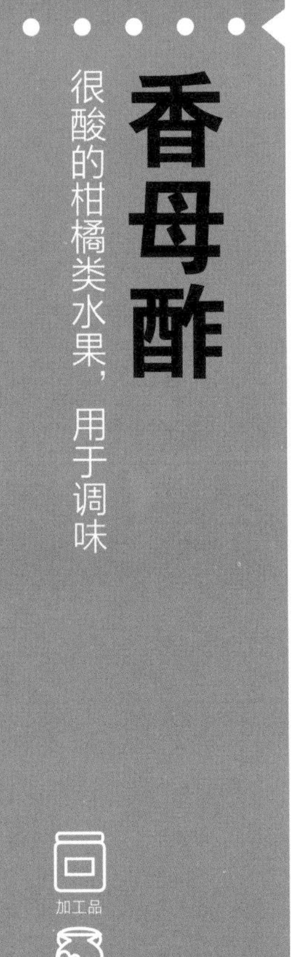

香母酢

很酸的柑橘类水果，用于调味

基本信息

- 芸香科，常绿灌木，株高2～4 m
- 原产地：不明
- 适合定植时期：3—4月
- 单株结果性：有
- 开花：5月
- 收获：9—10月
- 人工授粉：不需要

●特征与品种选择

这是与日本大分县的香橙亲缘关系较近的柑橘，可以用在需要较重酸味酱汁的美食中。常见的品种有‘大分 1 号’等。

●树苗定植

比较耐寒，冬季最低气温在 0 ℃以上的地区可以直接庭院栽培，注意要选在比较阴凉的位置。需要预防因冷风直吹造成的落叶，也要注意不能缺水过干。

在较冷的区域可以使用盆口直径 20 ～ 30 cm 的花盆种植，冬季移至室内养护。由于冬季室内通常较干，所以需要用有洞的塑料袋把植株整体罩起来保湿。

●修剪与造型

将长枝适当修剪有利于发出更多短枝，对枝条过密的位置要进行相应疏剪。盆栽一般采用自然树形的植株造型。

●提高果实品质

收获过晚会降低果实酸味，所以应尽量在外皮为绿色的阶段采摘收获。

光皮木瓜

原产于中国的植物，果实有止咳功效

基本信息

- 学名“毛叶木瓜”，蔷薇科，落叶乔木，株高3～8 m
- 原产地：中国
- 适合定植时期：12月至翌年2月
- 单株结果性：有
- 开花：4—5月
- 收获：10—11月
- 人工授粉：不需要

●特征与品种选择

没有特别明确的品种区分。果实又硬又酸，通常不会直接食用，可以做成果酒，具有缓解咽喉痛、止咳的效果。

●树苗定植

地栽选在日照良好的地方定植。喜冷凉干爽的气候，所以夏季需要采取遮阴措施。对于需要盆栽的情况，可以先假植，等到 2 月下旬至 3 月上旬再定植。开始结果后每 2 ～ 3 年换盆 1 次。

●修剪与造型

虽然树高可达 6 ～ 8 m，但庭院栽培时可以控制为 3 m 左右高的主干型造型。需要对枝条过密的位置进行疏枝，并有序地做枝条更替的处理。

●提高果实品质

开花后用毛笔尖把花粉刷在雌花柱头上可以保证更好的结果效果。如果结果量过大则需要进行疏果。

猕猴桃

具备耐寒性，是生长旺盛且易栽培的藤本植物

基本信息

- 学名“中华猕猴桃”，猕猴桃科，落叶藤本，藤长3~5 m
- 原产地：中国
- 适合定植时期：3—4月
- 单株结果性：雌雄异株。需要种植提供花粉的雄株（授粉株）
- 开花：5—6月
- 收获：10—12月
- 人工授粉：需要

●特征与品种选择

常见品种有果实较大的‘海沃德’、结果效果好的‘艾博特’、在日本香川县培育出的‘香绿’和黄色果肉的‘惊叹苹果’（‘Scensation Apple’）等。雄株品种常见的有‘陶木里’等。

●树苗定植

由于是雌雄异株的形式，所以需要雌株、雄株都分别种植才能保证结出果实。对于同时栽种多个品种的情况，可以按照每 5 ~ 6 株雌株搭配 1 株雄株的标准栽种。

通常从 12 月起市面上开始出售营养钵苗，买来后最好先保持原盆正常浇水，越冬后到 3—4 月再选择日照充足、不会直吹北风的位置定植。猕猴桃忌酸性土壤，需要预先混合白云石灰中和土壤酸碱度。在夏季高温干燥时期需要在根部旁边挖 30 cm 左右深的坑，每 3 ~ 4 天充足浇水 1 次。

盆栽可以放在室外日照充足的地方养护。如果日照不足，植株下面的叶子可能会掉落，如果植株过大则需要大幅回剪以促进整体更新。

‘黄金王’

猕猴桃的花

猕猴桃的倒锥形支架支撑造型

‘蒙蒂’

●修剪与造型

让枝条攀爬在棚架、藤架、拱门、栏杆等处。

在第一年的 5 月将长出的枝条进行牵引，剪掉枝条稍向上卷曲的部分，这样之后会继续发出新的枝条，以此打造出一根主枝。第二年，让第一年的主枝左右交替发出枝条，枝条的建议间隔为 30 ~ 40 cm。第三年，从第二年长出的枝条上结出果实。在 6 月下旬至 7 月上旬将枝梢都剪除，已经结果的枝条回剪至留有约 8 片叶子的长度，没有结果的枝条则回剪至留有约 15 片叶子的长度。

盆栽采用倒锥形支架牵引。

●提高果实品质

雌花开花五成左右时，用雄花涂抹雌花花蕊使其授粉。如果不进行人工授粉可能会导致生理落果或果实发育不良。需要适当进行疏果，庭院栽培情况下一根枝条上留两三个果实，盆栽的情况下每株留 8 ~ 10 个果实。

猕猴桃不会在树上完全熟透，需要收获后再催熟才会变得甜软可口。过早收获可能造成催熟

庭院栽培时的植株造型方法

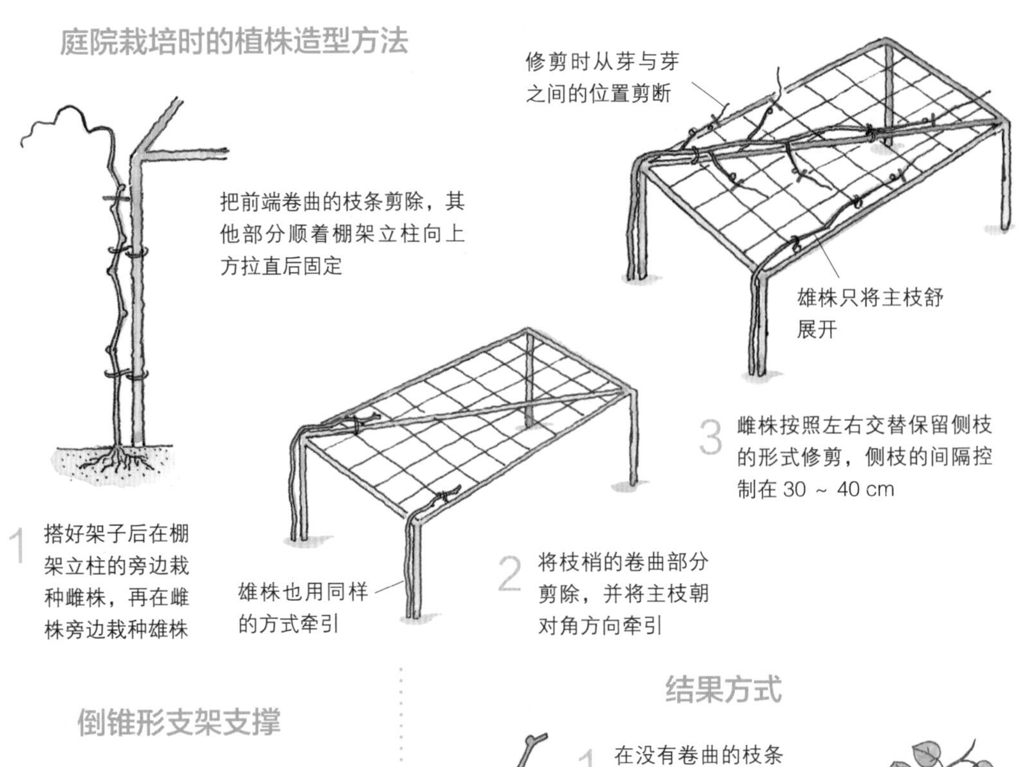

倒锥形支架支撑

栽种在盆口直径不低于 25 cm 的花盆中，采用倒锥形支架支撑，把卷须缠绕在支架的上半部分

结果方式

后甜度不足，收获较晚的话可能会导致可保存的时间缩短，需要选择合适的阶段收获。如果是早生的‘布鲁诺’等品种，通常在 10 月下旬收获，晚生的‘海沃德’则在 11 月中旬左右。

●施肥方法

2 月将距离植株根部 70 ~ 80 cm 的位置挖开并埋入肥料。

●需要警惕的病虫害

在植株周围栽种万寿菊可以预防根结线虫。如果在枝条上发现有介壳虫附着，需要马上刮除。

修剪

1 收获期落叶后将交叉在一起的枝条剪除

2 把卷曲的枝条全部剪除，修剪后依然残留在架子上的枝条也要清理干净

3 结果表现不好的枝条从底部剪除

4 把结过果实的枝条回剪，从结过果的位置起留8个芽左右

5 修剪猕猴桃的枝条时，如果从靠近芽的位置修剪则芽会发生枯萎，所以剪断位置应选在2个芽之间

Q&A 我的花园比较小，只有种一株猕猴桃的地方怎么办？

可以采用在雌株上嫁接雄株的做法，这样就可以在一株植株上同时开出雄花和雌花了。通常的嫁接会把与砧木的连接处控制在较低的位置，但如果种植在小花园，则可以在更高的位置选一根较粗的枝条，剪断后在高处进行嫁接，称为高接法。

另外，如果植株过大，种植空间显得过于局促的话，可以用扦插的方法更新成较小的植株。可以在夏季收集剪掉不要的枝条用于扦插，或是用落叶后的枝条做休眠枝扦插。扦插成活率不高，但在室内进行相应养护，保持夜间温度不过低、环境湿润的话应该可以提高扦插成功率。

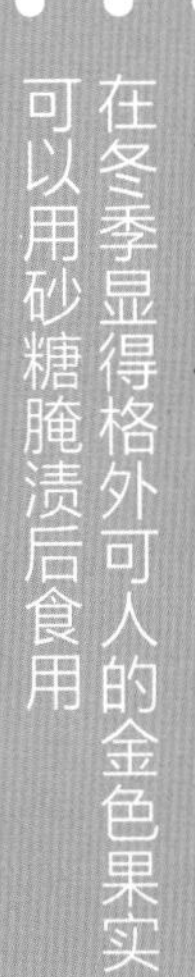

金橘

在冬季显得格外可人的金色果实，可以用砂糖腌渍后食用

基本信息

- 学名“金柑”，芸香科，常绿乔木，株高1～2 m
- 原产地：中国
- 适合定植时期：4月至5月上旬
- 单株结果性：有
- 开花：7—8月
- 收获：12月至翌年1月
- 人工授粉：不需要

特征与品种选择

这是一种耐寒性比日本蜜柑强、抗暑热性也很强的柑橘。主要品种有外皮甘甜、可以直接食用的‘宁波金柑’（别名‘明和金柑’）和无籽的‘小丸’等。果实除了直接生食外还可以用砂糖腌渍或烧酒腌渍，也可以加工成柑橘果酱等。

树苗定植

在 4 月至 5 月上旬，选排水性和保水性良好的土壤，在不会被风直吹的庭院位置定植。因为植株耐暑热，所以种在西晒较强的位置也没有问题。

如果是盆栽，则定植在盆口直径约 20 cm 的花盆中。如果叶片发白则说明水分不足，也有可能是由于根系盘结造成的，所以需要换盆疏理根系。最好是每隔 1 年将一半的根团打散换盆。

修剪与造型

株高基本会维持在 1.5 m 左右，即使不特别打理也可以自然而然地长成比较理想的植株造型。但植株会长出很多细枝，所以要在 3 月上旬出芽之前对过密的位置进行疏剪。金橘与日本蜜柑一样，都是在枝梢结果的，所以不要随意修剪枝梢。

庭院栽培时的主干型植株造型

1 将新长出的枝条剪除 1/3 ~ 1/2

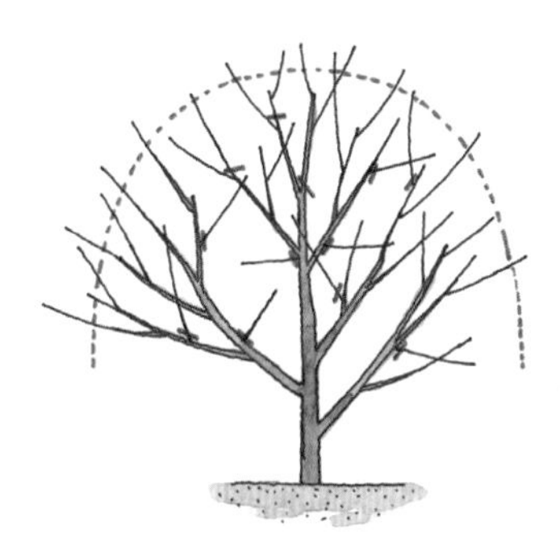

2 将超出树冠（即植株地上照到阳光的部分）范围的枝条从底部剪除

结果方式

1 在强壮的新枝附近萌发花芽

2 第二年开花结果。可能会出现几个果实集中长在一起的状况，这种情况下需要进行疏果，留一两个果实即可

盆栽时的换盆方法

1 将根团打散 1/3 左右，并相应地将地上部分剪除 1/3 左右

2 准备一些新土、比原来大一圈的或一样大的花盆进行换盆，定植并充足浇水

●提高果实品质

从 7 月中下旬开始结果，从 12 月左右开始陆续采摘。为了避免植株过度消耗养分，最晚也要在翌年 1 月之前完成采摘。8 月后开出的花仅用于观赏，即使结出果实也都要摘除。

金橘可以很好地通过同株授粉结果。庭院栽培时，按照长 15 cm 左右的枝条每根两三个果的标准进行疏果，盆栽时，以每盆 20 ~ 30 个果的标准尽早疏果。

●施肥方法

在春季芽苞萌发前施用有机肥作为出芽肥，7 月下旬和 9 月下旬施缓释肥料。

银杏

秋季银杏叶片变黄后非常好看，令人赏心悦目，其主要采收对象是种子

加工品

基本信息

- 银杏科，落叶乔木，株高6～20 m
- 原产地：中国
- 适合定植时期：11—12月
- 单株结果性：雌雄异株，需要同时栽种
- 开花：4月
- 收获：9—10月
- 人工授粉：不需要

●特征与品种选择

我国在长期栽培银杏的过程中选育出许多种子大、种仁品质好的优良品种，如：'洞庭皇''小佛手''鸭尾银杏'等。

●树苗定植

通常购买嫁接苗种植。种植位置的土壤需要先掺入堆肥、鸡粪、化肥等。

虽然是雌雄异株，但如果不太远的地方有雄株的话，只栽种雌株也可以正常结果。

●修剪与造型

如果为了不长得过高而需要控制枝条数量的话，可以在冬季疏剪较密的枝条。

●提高果实品质

需要充分施肥才能保证植株较好的发育并增加果实数量。在11—12月施堆肥或化肥，果实较多的年份还要在5月下旬追肥。

果实熟透后会自然落果，也可以摇动植株让果实落下来。从树苗定植到开始结果需5～6年时间。

番石榴

原产于南美的热带水果

基本信息

- 桃金娘科，常绿小乔木，株高1.5～20 m
- 原产地：美洲热带地区
- 适合定植时期：4—5月
- 单株结果性：有
- 开花：4—5月
- 收获：9—11月
- 人工授粉：不需要

●特征与品种选择

常见的品种果形有梨形、球形等。可以连皮一起直接生食，也可以做成果汁等享用。叶片富含茶多酚，可以用来泡茶。

●树苗定植

可以将营养钵苗栽种在排水性和通风均良好的位置。喜酸性土壤，如果已经是酸性土壤则不需要用石灰中和酸碱度。树苗定植后将顶端剪除以促进主枝的生长。

●修剪与造型

冬季将不要的枝条从底部剪除，由于植株分枝旺盛，故将结果枝整理至三四根即可。剪除的前一年的枝条可以用来扦插。

●提高果实品质

按照庭院栽培每 12 ～ 15 片叶子对应 1 个果实、盆栽每盆 3 个果实的标准，将多余的果实摘除。喜高温多湿环境，夏季需要保证充足供水。

枸杞

可泡茶、入酒，具有强身健体的功效

基本信息

- 茄科，半落叶灌木，株高1～1.5 m
- 原产地：中国
- 适合定植时期：11月至翌年3月
- 单株结果性：有
- 开花：8—10月
- 收获：9—11月
- 人工授粉：不需要

●特征与品种选择

枸杞自古以来就作为药用植物被人们熟知，茎和叶可以制茶，变红熟透的果实可以与砂糖、酒一起做成枸杞酒，干果可以入药膳，亦可放入粥或汤中食用。

主要品种有‘中华枸杞’‘宁夏枸杞’等。

●树苗定植

选在日照良好的位置挖稍深一些的树坑，多加一些堆肥和腐叶土后定植。枸杞喜湿度较高的土壤环境，故要避免土壤干燥。

●修剪与造型

枝条较细，呈藤状弯曲。在花园中可以打造成绿篱，或处理成半球形。枝条上有刺，在修剪的时候要多加小心。

12 月至翌年 3 月需要回剪长得过长的枝条，将枝梢剪除后可以促发更多花芽。在落叶后将老枝条从底部回剪，根蘖也从枝条底部剪除。

已经结过 4 ～ 5 年果实的枝条从底部剪除以促进枝条更新。如果植株整体枝条较老，则都从底部剪除，以促发新的枝条。由于枸杞需要同株

庭院栽培时的植株造型方法

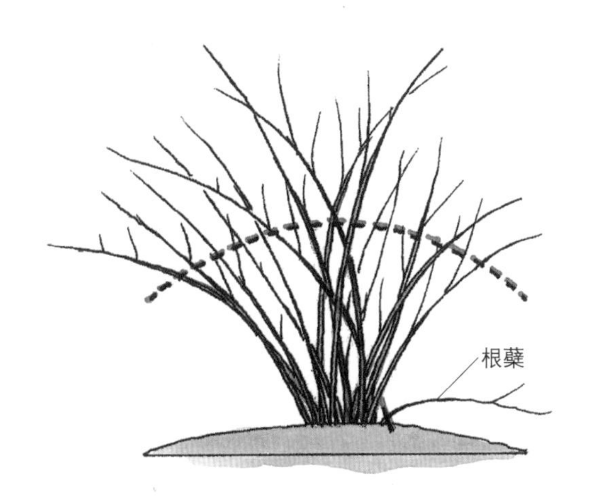

1 冬季整体修剪以整理造型。根蘖从底部剪除

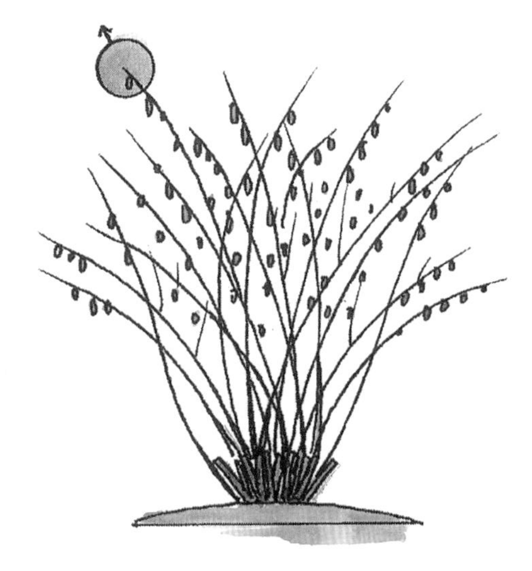

3 新枝条充分生长，结果状况得到改善

2 如果只剩老枝造成整体结果状况不好，则要一起从根部剪除

4 夏季从叶腋处发出花梗（即支撑花朵的小枝），开花结果

授粉，所以修剪时注意要让植株整体保持在良好的通风环境下。枸杞生命力很强，即使把枝条都齐整地剪掉也可以重新生长。

●施肥方法

虽然基本不用特意施肥，但如果感觉植株长势变弱，可以在 2 月左右施油粕或鸡粪。

●需要警惕的病虫害

易发蚜虫、介壳虫等，需要在发现时喷药驱除。如果发生白粉病，则要修剪枝条以确保良好通风。

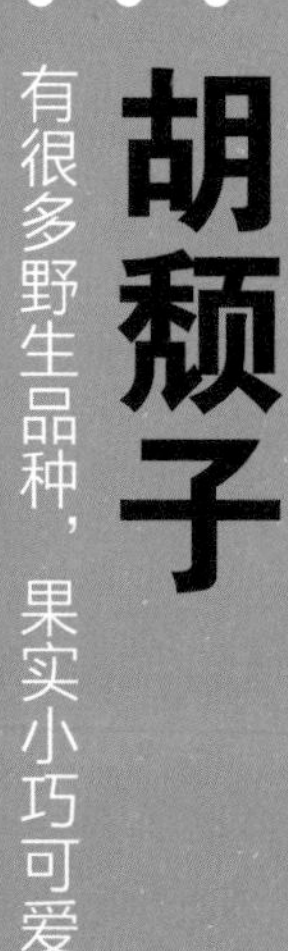

胡颓子

有很多野生品种，果实小巧可爱

基本信息

- 胡颓子科，常绿大灌木、中乔木，株高2～3 m
- 原产地：中国、日本等
- 适合定植时期：2—3月
- 单株结果性：园圃木半夏没有
- 开花：4—5月（木半夏）
- 收获：6—7月（木半夏）
- 人工授粉：需要

●特征与品种选择

野生品种包括常绿灌木的苗代胡颓子、蔓胡颓子、大叶胡颓子和落叶直立灌木的木半夏、牛奶子等。

常绿品种的胡颓子在秋季开花，可以从春季到夏季陆续采收。木半夏为春季开花、初夏收获。牛奶子酸味浓郁，果实较小，秋季收获。市面上通常可以买到木半夏和大果的园圃木半夏。

●树苗定植

地栽喜日照良好且排水性好的位置，盆栽则通常在盆口直径约 20 cm 的花盆中栽种。

●修剪与造型

木半夏和园圃木半夏这样的直立株型的品种可以修整成主干型或模样木风格的造型。像苗代胡颓子这样的藤本，可以牵引在绿篱等处。

植株造型完成后，在确保花芽的前提下将较密的、徒长的等不必要的枝条剪除，疏枝。

庭院栽培时的主干型植株造型

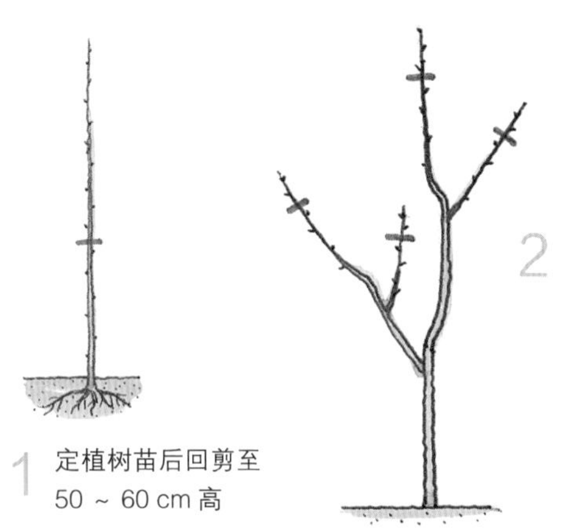

1 定植树苗后回剪至 50 ~ 60 cm 高

2 在夏季和冬季将新长出的枝条剪除 1/3 左右，进行基本造型

3 树形基本造型完成并可以开始收获后，只须剪除不必要的枝条来疏枝即可

结果方式

1 在枝梢附近萌发多个花芽

2 枝繁叶茂，在叶柄底部开花结果

盆栽时的植株造型方法

1 在盆口直径约 15 cm 的花盆中斜栽定植，并修剪枝条到花盆 1 倍的高度

2 将长出的枝条剪短 1/3 左右以促发更多的枝条

●提高果实品质

在新长出的枝条中，较短且强壮的枝条上会萌出花芽。1—2 月可以看到花芽膨大，在这时可以将多余的枝条剪除。不需要疏蕾、疏果。

对于园圃木半夏来说，可能会出现开花但结果效果不好的情况，这时可以将赤霉素稀释 10 000 倍后喷洒在植株上以促使不授粉结果（促发三倍体），在花全开时和 2 周后共喷 2 次。果实又酸又涩，要等到完全熟透后再采收。

●施肥方法

如果植株长势变弱，则在 1 月下旬至 2 月中旬施冬肥。

●需要警惕的病虫害

基本上只要注意防治蚜虫即可。

蔓越莓

喜水、喜酸性土壤。可做果汁，亦可制果酱

基本信息

- 学名“红莓苔子”，杜鹃花科，常绿小灌木，株高10～30 m
- 原产地：北美洲东部
- 适合定植时期：4—5月
- 单株结果性：有
- 开花：5月
- 收获：10—11月
- 人工授粉：如果用毛笔尖扫花蕊会提高果实品质

●特征与品种选择

分布于北半球寒冷地区的湿地，在北美和欧洲地区是自古以来就很受欢迎的小浆果。

果实不太适合直接生食，但加工成果酱或果汁后非常美味，其中感恩节搭配火鸡的蔓越莓酱是大家最为熟知的。近年来蔓越莓也因富含花青素而备受热捧。

通常市面上的树苗品种有蔓苔桃和与其有着近缘关系的大实蔓苔桃等，但要注意有一种叫作“紫色蔓越莓”的盆栽植物，其实与蔓越莓没有近缘关系，是桔梗科的植物，不能食用。

●树苗定植

地栽需要选择日照和通风条件均良好的位置，加入泥炭等保水性好的酸性土壤进行定植。要避开因西晒而特别热的地点。

如果用花盆栽种，则可以选择盆口直径约 20 cm 的花盆，使用泥炭或腐叶土含量较高、保水性好的酸性土壤种植。每 2 ～ 3 年换盆 1 次。

庭院栽培时的植株造型方法

1 从营养钵中将苗脱出，底部稍打散

2 定植在已经掺好泥炭的位置，轻度修剪枝梢

3 长出很多丛状枝条，疏剪过密的位置以保证通风良好

扦插和分株

● 扦插

1 在 4 月下旬，制作长度为 15 ~ 20 cm 的插穗，用清水浸泡 1 小时

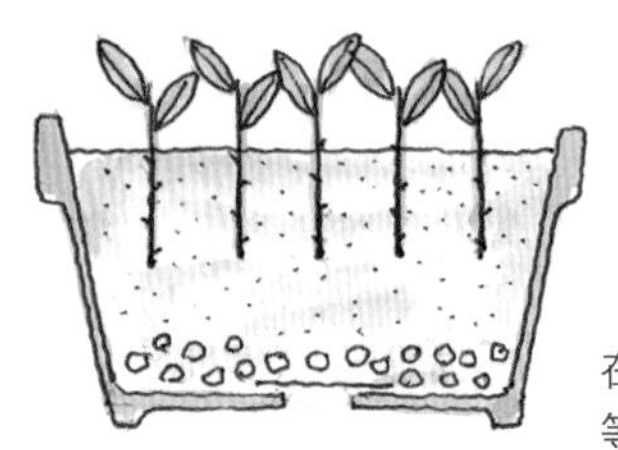

2 在宽盆中放入鹿沼土等，将插穗插至较深的位置

● 分株

1 在3—4月换盆，整理多余的枝条后将植株分为两部分

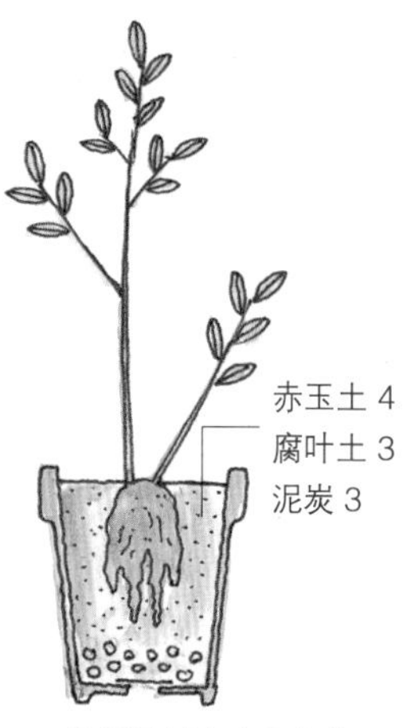

2 分别用新土上盆定植

●修剪与造型

地栽时茎匍匐在地面，需要疏剪过密的地方，并控制占地范围。盆栽则可以将花盆放在架子上或使用吊盆种植。

●提高果实品质

冬季如果不充分接触寒气，则无法完成花芽分化。夏季需要在根部覆盖泥炭，避免失水干燥。虽然可以同株授粉，但如果使用毛笔尖刷花蕊可以提高果实品质。果实一般结在新枝的叶腋处，待其完全变红成熟后即可采收。

●施肥方法

将少量缓释肥料作为冬肥施用。

栗子

从毛壳中可以看到果实，收获的时候连同毛壳一起采摘

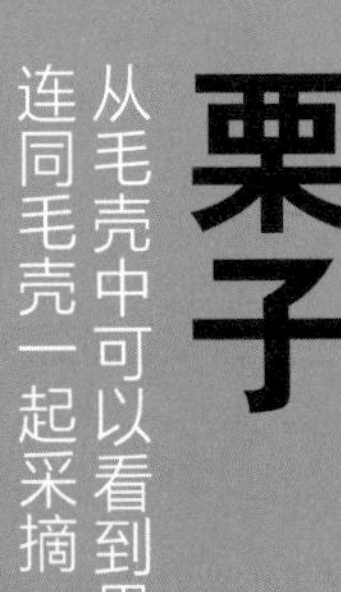

加工品

药效

基本信息

- 壳斗科，落叶中乔木，株高2～5 m
- 原产地：地中海沿岸地区，中国、日本
- 适合定植时期：3—4月
- 单株结果性：大多数品种有
- 开花：6月
- 收获：9—10月
- 人工授粉：需要

●特征与品种选择

除大果的‘丹泽’‘筑波’‘银寄’等日本品种外，还有‘九家种’‘深刺大板栗’‘毛板红’等中国品种，以及‘利平’等与中国栗子自然杂交的品种。自体不育性较强，所以需要至少同时栽种 2 个品种。

●树苗定植

庭院栽培时选择排水性和透气性好的位置，充分深耕后定植树苗，同时，日照良好也是很重要的选址条件。拿到苗后应尽快定植，种好后从嫁接接口（嫁接砧木和接穗的连接部位）之上 50 ～ 60 cm 处剪断。

盆栽需要先将树苗假植，到 3 月下旬至 4 月选较大较高的花盆进行定植。每2 ～ 3年换盆1次。

●修剪与造型

将庭院栽培的植株处理成主干型，开始收获后，按照保证日照的原则进行疏枝。

盆栽可以处理成模样木风格的造型，按照每盆 3 ～ 5 个果的标准控制结果数量。

●提高果实品质

需要至少同时种 2 个品种，彼此用花涂抹

‘有马’

‘柴栗’（野生栗子）

人工授粉

将雄花的花粉收集起来，用毛笔沾到其他植株的雌蕊上以确保授粉效果

‘石锥’

人工授粉，这样 2 个品种都可以正常收获。

需要注意梅雨时节可能会因日照不足、缺水、肥量过大等原因造成生理落果。8 月底没有成功授粉的果实也会落果，需要按照最终每根枝条上 1 个果实的标准进行疏果。

●施肥方法

庭院栽培的话，1—2 月把植株周围挖开后埋入肥料。秋季的追肥重点在于补充氮和钾。如果是盆栽，则在定植 1 个月后及每年春季和秋季时将三四粒缓释固体肥料埋在花盆边缘。

●需要警惕的病虫害

对于树干和枝条上出现的栗瘿蜂、天牛、蝙蝠蛾，以及叶片上的双黑目天蚕蛾等，需要喷药驱除和预防。7 月可能因栗皮夜蛾虫害、8 月可能因桃蛀螟虫害导致落果。

●推荐食用方法

果实或毛壳开始自行掉落时即可收获了。将果实泡在水中可以把其中的虫子赶出来。可以冷冻或埋入湿沙子中保存。

庭院栽培时的植株造型方法

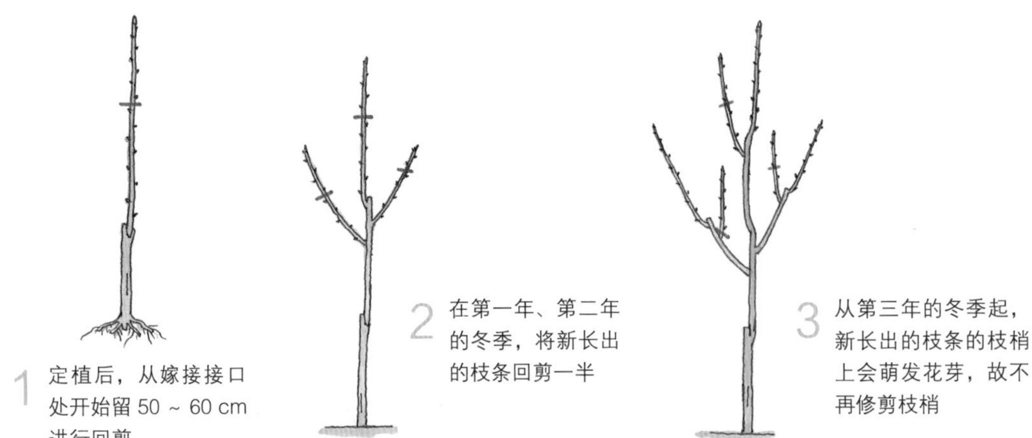

盆栽时的植株造型方法

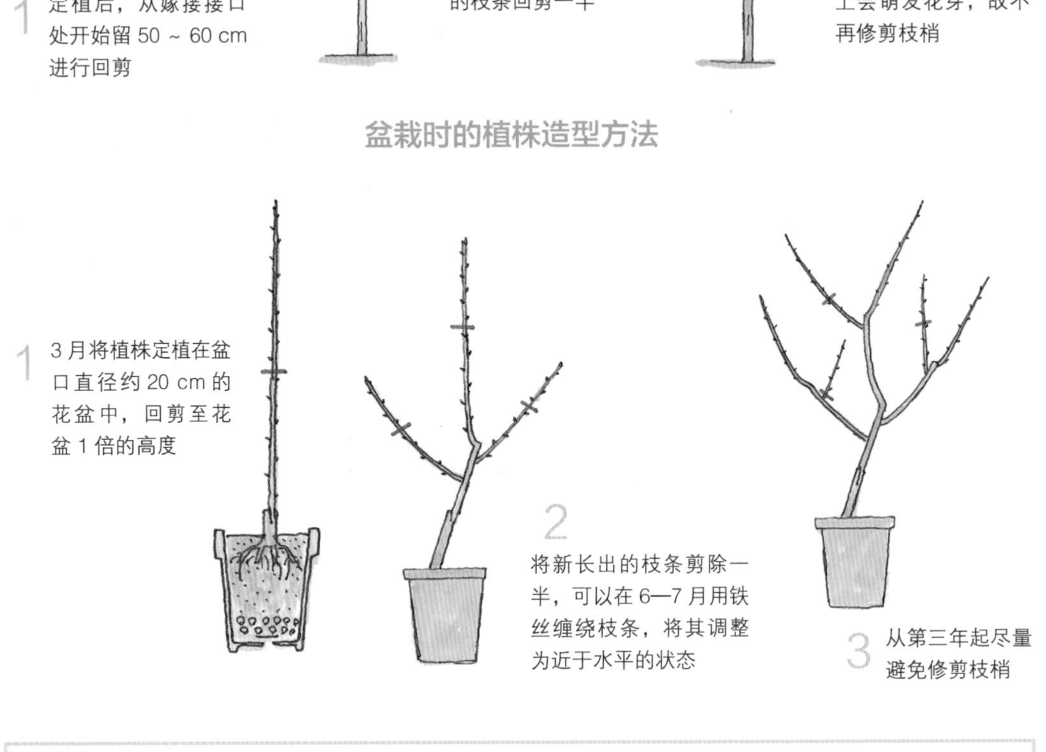

Q&A

之前结出的果实太大了，有没有让果实长得小一点的方法呢？

在冬季修剪时将长得过长的主枝在小枝的上方剪断，将小枝作为新的主干培育起来。进行疏枝，把长得过长的枝条回剪至一半左右的长度。需要注意一定要做相应的切口保护处理。

结果方式

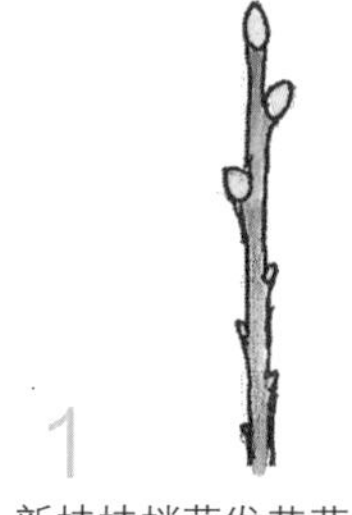

1 新枝枝梢萌发花芽，第二年这里的花芽继续生长成簇状花序

2 花序顶端开出雄花，枝条底部萌发雌花

采收与储藏

1 收集掉落的果实。如果整个毛球掉落，则需要将果实从毛球中剥离出来

2 在清水中浸泡一晚驱虫

3 沥干水分后冷冻或埋入湿沙子中

植株过大时要重新修整造型

1 选择适当的高度剪除主干

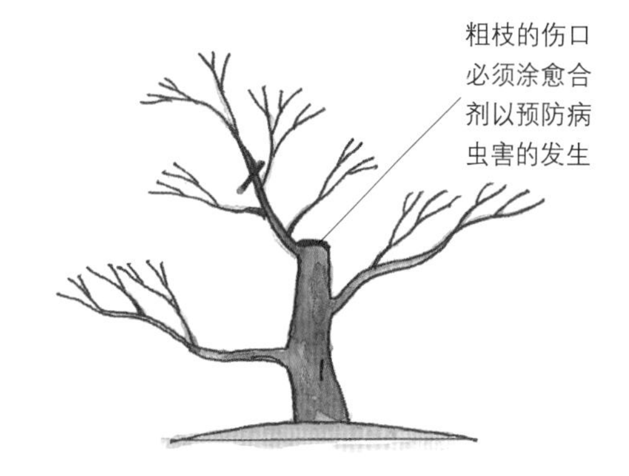

2 通过回剪小枝的枝梢重新培育主干

Q&A

为什么有的毛壳中只有一颗栗子？

栗子通常先长出一根雌蕊，10余天后才会长出侧面的另一根雌蕊，所以在人工授粉时需要错开时间进行第二次授粉，才可以使毛壳中有更多颗栗子。

Q&A

我家的栗子树为什么到了7月还是不断落果？

7月，一些没有授粉的果实会发生生理落果。另外，对于早生品种来说，有可能因为桃蛀螟虫害造成落果。如果在果实中发现害虫，应及时喷洒杀虫剂。

核桃

虽然较易培育，但要注意可能会长成很大的树

生食
药效

基本信息

- 学名"胡桃"，胡桃科，落叶乔木，株高8～10 m
- 原产地：欧洲东部、亚洲、南美洲、北美洲
- 适合定植时期：3月
- 单株结果性：有。如果能把至少2个品种混植的话，结果效果更好
- 开花：5月
- 收获：9月
- 人工授粉：不需要

●特征与品种选择

喜冷凉干燥的气候，耐寒性强，属喜光照的果树。有外皮较薄、易剥壳的薄皮胡桃和野生的信浓核桃的改良品种山核桃等。

●树苗定植

选择排水性和保水性良好、透气性好的土壤种植。由于植株扎根较深，所以需要准备较深的树坑。

●修剪与造型

培育成有三四根主枝的自然树形。放任生长的话会长成很大的树，而且枝条过密会影响日照效果，所以要在落叶期进行有效的疏枝。对于长枝条来说，如果从枝条中间位置剪断会发出更强壮的枝条，所以枝条修剪通常采用从底部整体剪除或只轻度修剪枝梢的方法。处于日照条件好的位置的枝条容易发出花芽，所以需要尽量保留。

●提高果实品质

植株喜干燥，在庭院栽培的状况下不需要特意浇水。即使是盆栽，也需要控制浇水频率，但在夏季和冬季要避免出现土壤缺水过干的状态。

虽然可以同株授粉，但由于雄花和雌花的开花时间不同，所以如果同时种植花期不同的至少 2 个品种的植株，可以有效改善结果效果。

●施肥方法

如果庭院定植时使用堆肥，并充分给足底肥，之后基本不需要追肥。如果发现植株长势较弱需要追肥，则可在 11 月向根部撒一些肥料并浅埋。对于盆栽来说，2 月和 8 月下旬分别施用固体肥料即可。

●推荐食用方法

捡拾掉落的果实并取其种子，用水洗，晾干后剥去外壳食用，不需要加热。发现果实外皮开裂时即可以开始收获，通常是摇动树干让果实掉下来或用长棍把果实打下来。

樱桃

结果特别多的时候，需要尽早疏果以培育出更甜的果实

基本信息

- 蔷薇科，落叶乔木，株高2～10 m
- 原产地：西亚，土耳其
- 适合定植时期：3月
- 单株结果性：‘暖地’‘月山锦’等品种有
- 开花：4—5月
- 收获：6—7月
- 人工授粉：需要

●特征与品种选择

通常将‘拿破仑’‘佐藤锦’‘高砂’‘南阳’等比较容易搭配起来的品种一起种植，另外还可以选‘宾莹’等美国进口品种进行种植。但都建议选用矮生砧木（培育得比较矮小的砧木）嫁接的苗。

●树苗定植

比较适合栽种于春季不会结霜且夏季降雨较少的地方。12 月买来的苗先进行假植，待 3 月选择有排水性和透气性均良好的肥沃土壤的庭院位置定植。

盆栽需要隔 1 年换盆 1 次，换盆时将根坨剪除 1/3 左右以预防根系盘结。要注意避免土壤过湿和过干，隔年收获的形式可以让盆栽的果实更加美味。

●修剪与造型

地栽定植后剪除 1/3，确定主枝，将植株修剪成主干型植株造型。植株长势比较旺，如果放任不管的话就会只长枝而不怎么结果。如果没有适当控制长势则会影响结果效果。

‘佐藤锦’

‘拿破仑’的花

‘拿破仑’

‘高砂’

盆栽修剪成模样木风格的造型。冬季接触7 ℃左右的寒冷环境后可以打破休眠。夏季在半日照条件下养护，要避免缺水过干。

●提高果实品质

需要将短枝上的花苞摘除一半。樱桃是选择性杂交的植物，所以需要把易授粉的品种种在一起并进行人工授粉。从花开五成到全开的过程中选择晴朗无风的上午进行人工授粉，进行两三次，这样可以有效提高授粉的成功率。

庭院栽培时，花全开后的 3 ~ 4 周生理落果基本结束，可以按照每四五片叶子对应 1 个果实的标准进行疏果。

盆栽的情况下，如果种在盆口直径为 20 ~ 30 cm 的花盆中，则每株留 20 ~ 30 个果。

●施肥方法

如果追肥过多可能会造成入秋后叶色不正常，如果肥力不足则可能会影响第二年的结果效果。地栽可以用速效液肥追肥，1—2 月时埋入缓释肥料。

盆栽则在定植的 1 个月后施用缓释肥料。之

庭院栽培时的主干型植株造型

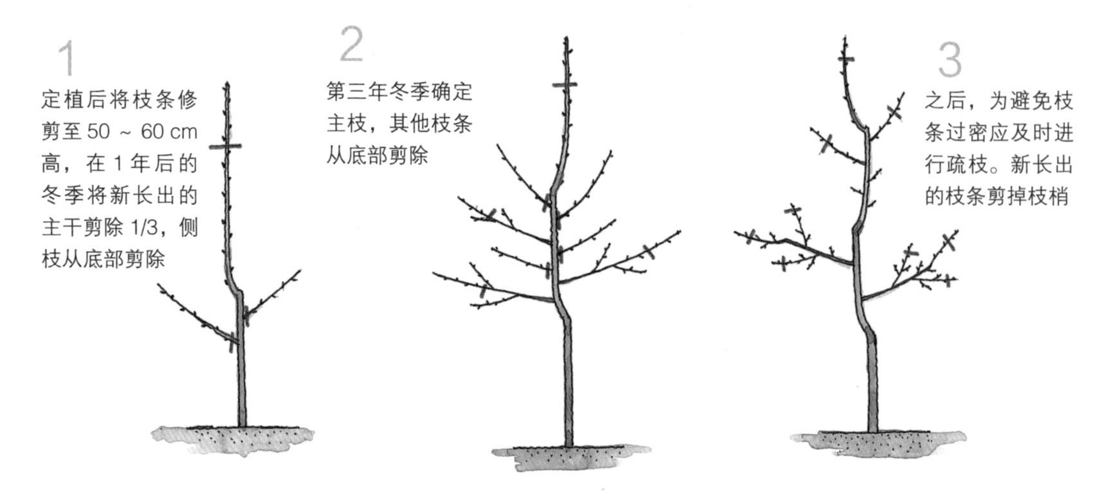

盆栽时的模样木风格植株造型

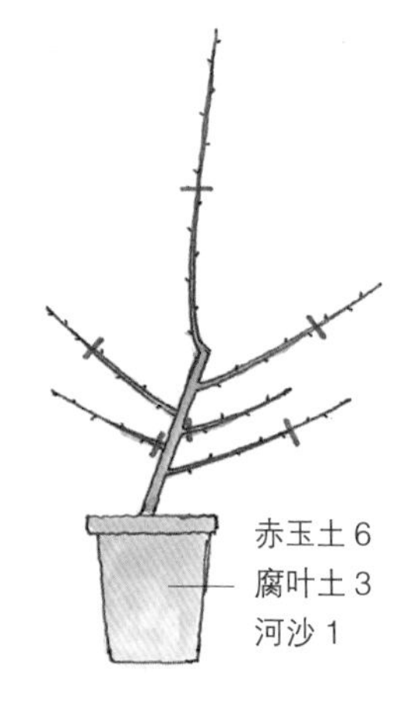

1 在定植 1 年后的冬季确定作为主干的枝条和需要保留的侧枝，其他枝条都从底部剪除

2 在植株生长到花盆的 3 倍高时，打顶并确定主要的造型枝条

盆栽樱桃‘暖地’

后每年春季将三四粒拇指肚大小的有机质混合肥埋入花盆边缘。

●需要警惕的病虫害

除了蚜虫和介壳虫外，美国白蛾会啃食叶片，需要在新芽萌发前喷洒药剂预防，或在落叶期提前喷洒石硫合剂。

●推荐食用方法

每簇结 2 ~ 5 个果实，开花后 40 ~ 50 天按照成熟的顺序陆续采收。如果日照不充足则会影响果实口感。

结果方式

1 在新出短枝的底部萌发花芽

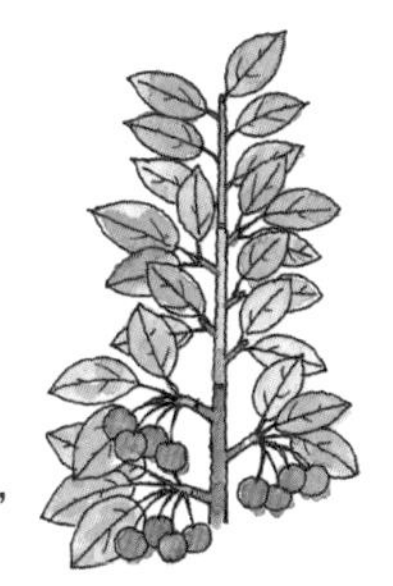

2 第二年开花结果，花量非常大

修剪

1 第四年后，将已经结过果实的枝条从底部剪除，伤口处涂愈合剂

2 促成从旁发出新枝

人工授粉

取雄蕊的花粉，用毛刷或毛笔尖等将花粉沾在需要授粉的花的雌蕊上

授粉排斥群组合
‘拿破仑’ ‘宾莹’
‘高砂’ ‘日出’ ‘查普曼’
‘江普乐’ ‘大紫’
‘佐藤锦’ ‘黄玉’ ‘温克勒’

注：同组不能成功授粉

适合搭配的授粉组合

接受花粉的品种	取花粉的品种
‘拿破仑’	‘高砂’ ‘日出’ ‘藏王锦’
‘高砂’ ‘佐藤锦’	‘拿破仑’

Q&A 枝条长得过长怎么办?

在比较温暖、土壤排水性好、根系易扩展的位置，植株可能会生长得特别大。可以在确定植株造型后的 4 ~ 5 年剪除较粗的根，通过扭枝抑制生长，也可以考虑选种酸果品种或‘中国樱桃’等品种。

Q&A 把市面上买来的已经结果的苗种在花盆中如何养护?

不要让果实结得过多，注意需要施肥。每 2 年换盆 1 次，将根系周围的土打散 1/3 左右后重新上盆定植。

石榴

花色多样，是开花和结果都非常喜人的果树品种

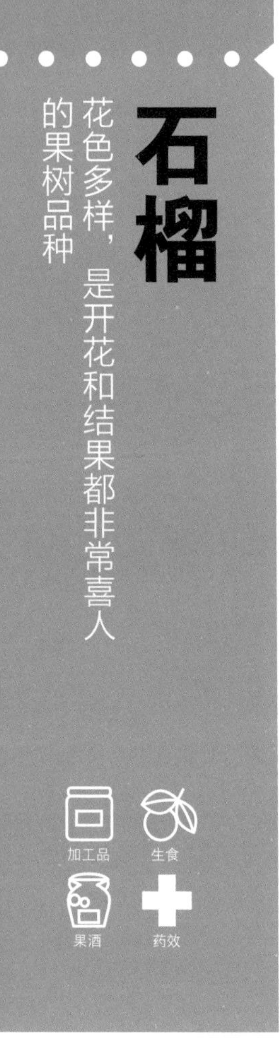

基本信息

- 千屈菜科，落叶乔木，株高5～6 m
- 原产地：中东地区，印度
- 适合定植时期：12年至翌年3月
- 单株结果性：有
- 开花：6—7月
- 收获：9—10月
- 人工授粉：需要

●特征与品种选择

石榴开花观赏性强，可以作为观赏树种栽种，但如果是作为果树栽种建议选择结果较甜的品种或者果实较大的美洲石榴品种。果实可直接生食，也可以做成果汁或果酒享用。

●树苗定植

在12月至翌年3月的落叶期，选择日照良好、土壤兼具排水性和保水性的庭院位置定植，定植后浇足水。如果所选位置的土壤排水性欠佳，则需要把土堆起，种在相对高一些的位置。

对于盆栽而言，发芽前的3月是比较适合定植的时期。需要每年换盆，植株为直根系，粗根较多、细根较少，换盆时要注意尽量不要伤根。

●修剪与造型

在庭院植株高达2 m之前需要在落叶期将新枝回剪一半，并剪除不必要的枝条给植株造型。造型确定后会发出很多小枝，这时需要疏剪过密的枝条。

对于盆栽而言，可以将植株处理成盆景效果。

结果方式

1 在强壮的短枝上萌发花芽

2 第二年枝条生长后开花结果

庭院栽培时的主干型植株造型

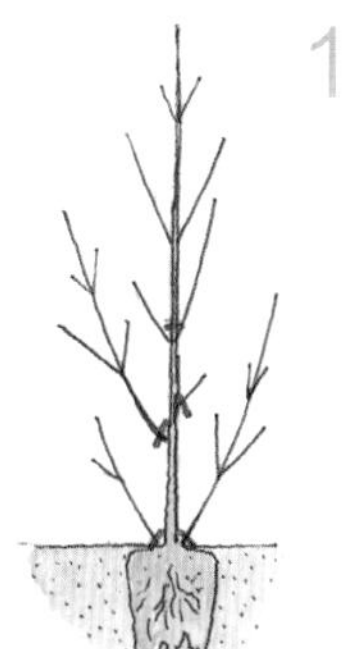

1 将植株回剪至 50 ~ 60 cm 的高度。剪除过粗的枝条和根蘖

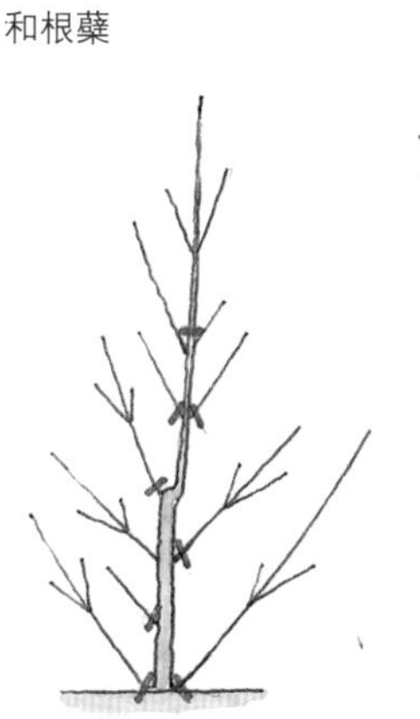

2 第二年冬季将新长出的枝条剪除一半

3 第三年将新长出的枝条回剪，并将不必要的枝条剪除，进行整体造型

盆栽时的模样木风格植株造型

1 将树苗斜向定植在盆口直径约 30 cm 的花盆中，回剪到约 1 倍盆高的位置

2 确定2根横向舒展的枝条，其他枝条从底部剪除

3 轻度修剪枝梢打顶，将株高控制在花盆 3 倍左右的高度

●提高果实品质

在较粗壮的短枝上发出花芽，并在第二年开花结果。虽然可以进行自花授粉，但如果用毛笔尖沾取花粉在雌花里面转一转，可以更好地确保授粉效果。

如果结果过多的话，可能造成植株第二年长势较弱、隔年才会再结果，所以要在果实还小的时候疏果为一处一果，如果是种植在盆口直径约 30 cm 的花盆中，则疏果成每盆 5 ~ 6 个果。

●施肥方法

对于已经陆续完成收获的植株来说，要在收获后使用有机肥料或缓释肥料追肥。

●需要警惕的病虫害

如果光照不足有可能引发白粉病。

猕猴桃的近缘植物

软枣猕猴桃

基本信息

- 猕猴桃科，落叶藤本灌木，藤长3～20 m
- 原产地：日本
- 适合定植时期：12月至翌年1月、3月
- 单株结果性：雌雄异株，需要雌雄混栽
- 开花：5—6月
- 收获：9—11月
- 人工授粉：不需要

●特征与品种选择

软枣猕猴桃是在我国各地广泛野生的藤本植物。在自然界中其枝条长度可达20 m，是可以把树木缠绕至枯死的非常强势的树种。其藤蔓非常结实，甚至可以用来制作吊桥。

常见品种有大果软枣猕猴桃、原产于中国的中华猕猴桃、易结果的‘一才’猕猴桃等。另外还有与猕猴桃杂交后糖度较高、可以直接生食的品种。果实酸甜适口，为长约3 cm的椭球形，富含维生素C，营养价值高，常用于制作果酒和果酱。

夏季的耐暑性较差，虽然耐寒性较强，但也要注意针对春季倒春寒和晚霜做适当的防护。

●树苗定植

在冬季比较寒冷的地区或有积雪的地区，最好选在3月定植，其他地区则适合在12月至翌年1月定植。只要是排水性较好的地点，在日照充足或半日照的条件下都是可以种植的。忌过干，需要充足浇水。如果在定植时提前掺入腐叶土，则基本不需要后期刻意追肥。

由于是雌雄异株，所以需要将雌雄株混植，也可以种植猕猴桃的雄株来替代。

结果方式

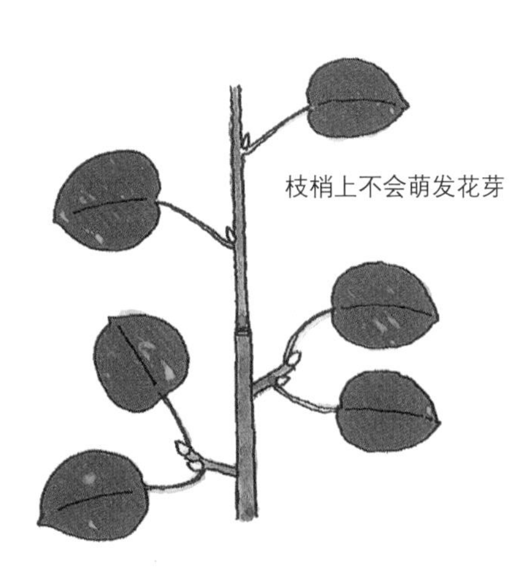

1 从叶腋处长出多个分化花芽的短果枝（结果的短枝）

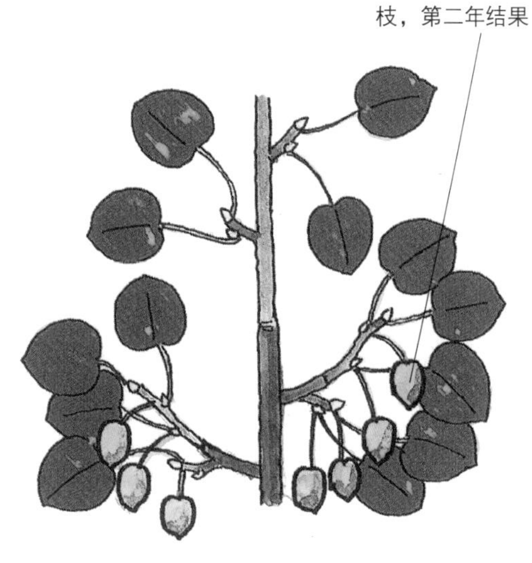

2 在由花芽长成的枝条上结果

栽种要点

软枣猕猴桃的果实表面没有毛，可以连皮一起食用。它比猕猴桃的香味更加浓郁，微酸甜，口感非常好，营养价值很高，富含维生素C和蛋白质分解酵素，具有消除疲劳、强身健体、调理肠胃的功效。

软枣猕猴桃的花

●修剪与造型

让枝条伸展，牵引到架子或绿篱上，如果种在庭院中，可以搭起棚架打造成“U”字形；如果是盆栽，可以采用倒锥形支架。冬季回剪当年长出的枝条。

●提高果实品质

在长势较好的枝条上会分化花芽，第二年从这里发出新枝，在叶腋处开出1～3朵花后结出果实，如果将枝条回剪则不会结果。果实在秋季成熟时依然是绿色，会发出甜香气味。病虫害较少，栽培比较简单。

基本信息

- 芸香科，常绿灌木，株高1～3 m
- 原产地：东南亚地区，日本奄美大岛
- 适合定植时期：4月至5月上旬
- 单株结果性：有
- 开花：4月
- 收获：8月至翌年2月
- 人工授粉：不需要

●特征与品种选择

这是日本冲绳地区常见的柑橘类水果。由于其酸味较重，所以通常不会直接生食，而是做成果汁或把汁液掺在泡盛酒中享用，也会替代醋用在美食烹饪中。没有特别的品种区分，研究表明其果液中含有可以抑制血糖和血压上升的成分，因而近年来颇受关注。

●树苗定植

选择日照充足且通风良好的地栽位置，在树坑中掺入底肥后定植树苗。在寒冷地区可以种在花盆中养护。定植 1 个月后用缓释肥料追肥。

●修剪与造型

采用自然树形。在 3 月修剪，回剪长枝，并疏剪枝条过密的位置。

●提高果实品质

还是绿色状态下的果实长到乒乓球大小时即可采收。一旦颜色变橙，就会变甜了。

嘉宝果

一种果实类似巨峰葡萄的南国水果

加工品　生食

基本信息

- 桃金娘科，常绿小乔木，株高3～10 m
- 原产地：巴西南部
- 适合定植时期：4—5月
- 单株结果性：有
- 开花：12月至翌年3月
- 收获：5—10月
- 人工授粉：不需要

特征与品种选择

嘉宝果果实直径2～3 cm，形似巨峰葡萄，直接在树干上结果，很特别。主要品种有四季型的大叶品系和每年可以采收2次的小叶品系。小叶品系耐寒性强，非常推荐种植，果实直径可达4～5 cm的‘阿斯’也很推荐。

树苗定植

嘉宝果不太耐寒，建议盆栽方式养护。选用盆口直径不小于25 cm的花盆，用弱酸性土种植。快的话2年后即可开花并采收果实，如果从种子开始培育则需要6～10年时间。

修剪与造型

在-2℃的环境下植株短时间受寒不至于枯死，但与其他热带果树一样，一旦受寒后，春季的萌动就会推迟，所以冬季时应尽量在不低于15 ℃的环境下养护。忌缺水干燥，故需要确保供水。

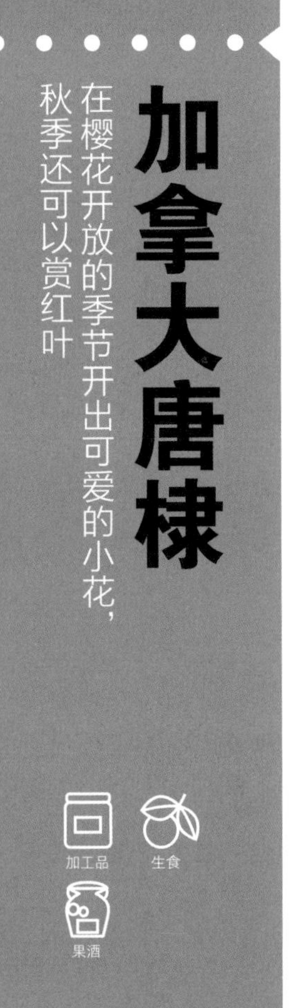

加拿大唐棣

在樱花开放的季节开出可爱的小花，秋季还可以赏红叶

基本信息

- 蔷薇科，落叶乔木，株高5～10 m
- 原产地：北美洲
- 适合定植时期：12月至翌年2月
- 单株结果性：有
- 开花：4月
- 收获：5—6月
- 人工授粉：需要

●特征与品种选择

加拿大唐棣在欧美国家被广泛种于私家花园中，也有专门的园艺观赏品种。

●树苗定植

在树苗的休眠期，选择土壤具备排水性和保水性的位置定植，喜酸性土壤，不需要对酸性土壤做中和处理。

●修剪与造型

如果放任其生长，则会发出很多蘖生枝条而呈丛状。如果要处理成主干型造型则只留 1 根枝条作为主干，其他枝条都从底部剪除。也可以处理成 3 根主要枝条直立的造型，这种情况下也需要把其他不必要的根蘖尽早剪除。在落叶期将已经结果的枝条从底部剪除，以促进新枝生长。

●提高果实品质

通常在新长出枝条的枝梢萌发花芽并结果。虽然可以同株授粉，但在授粉时如果淋了雨就会影响授粉效果。所以使用毛笔尖轻扫花蕊进行人工授粉有助于提高授粉成功率。

如果夏季过干会影响结果效果，所以如果天

庭院栽培时的主干型植株造型

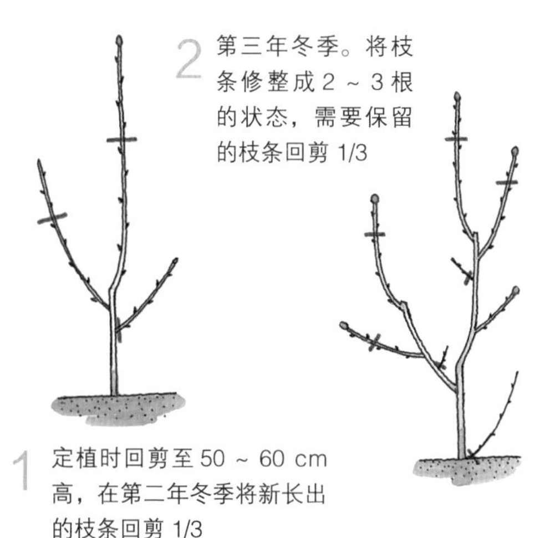

结果方式

盆栽时的模样木风格植株造型

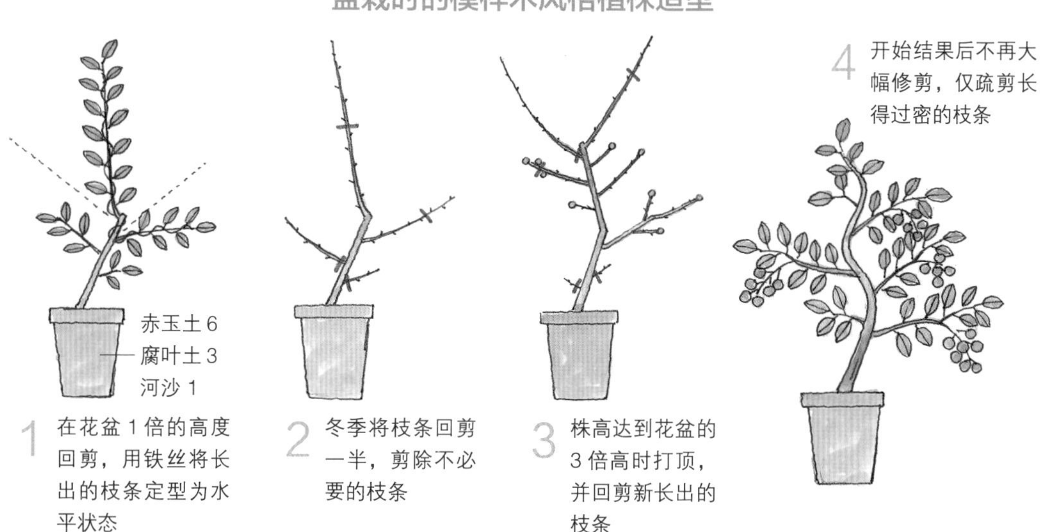

气持续干燥，则需要充分补水，并在根部铺上腐叶土等覆盖介质。

果实开始变红后需要尽快采收，以避免被鸟啄食。

●施肥方法

2 月挖开地栽植株周围的土壤并埋入迟效肥料。

盆栽定植 1 个月后在花盆边缘埋入 3 ~ 5 粒油粕固体肥料。秋季追肥，之后每年的春季和秋季均进行追肥。

●需要警惕的病虫害

如果在树干周围发现木屑，说明有天牛幼虫入侵，需要从洞口注入杀虫剂并堵住洞口。

醋栗

特别耐寒，可以耐受 -35 ℃的低温环境

基本信息

- 学名“欧洲醋栗”，虎耳草科，落叶灌木，株高1 ~ 1.5 m
- 原产地：欧洲、北美洲
- 适合定植时期：3月
- 单株结果性：有
- 开花：4—5月
- 收获：6—7月
- 人工授粉：不需要

●特征与品种选择

主要有欧洲醋栗和美洲醋栗两类，分别有一些典型品种。在冬季最低气温 0 ℃以上的温暖地带，适合种植抗病性较好的‘坠玉’等美洲醋栗品种。欧洲醋栗相对不耐暑热，易发生病虫害，所以适宜种植的地区范围较小。无论是美洲醋栗还是欧洲醋栗，耐寒性都非常强。

果实可保存时间较短，需要在采摘后马上食用或加工成果酱、果酒等。

●树苗定植

具备耐阴性。忌缺水，庭院栽培时应选择夏季不会西晒且通风良好的阴凉处栽种。盆栽时选择盆口直径约 20 cm 的花盆栽种，每 2 ~ 3 年换盆 1 次。

●修剪与造型

从地面发出很多枝条，如果放任其生长则会呈现出高约 1.5 m 的丛状株型效果，剪除根蘖也没有问题。对于已经结果 2 ~ 3 年的枝条，在 1—2 月回剪可以促进发出新的枝条。由于枝条上带刺，

花槽种植

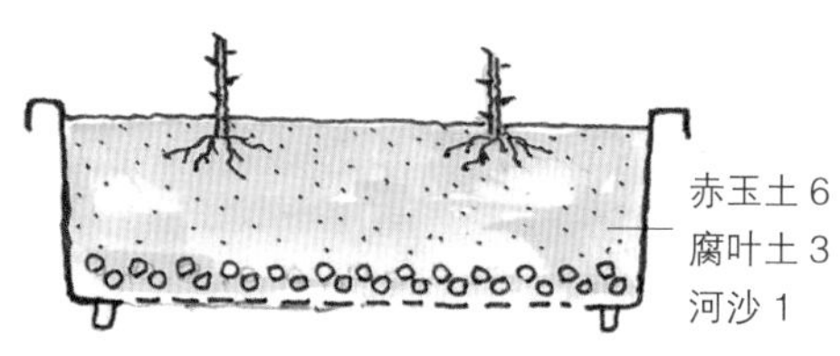

1 在一个花槽中栽种 1 ~ 2 株

2 将植株均衡地牵引在支架或花格上

3 开始结果后剪除不必要的枝条，通过控制枝条数量维持基本造型

4 植株长大后可以每株分别移至 1 个花盆中养护

结果方式

在枝梢附近萌发花芽，第二年在长出叶片的叶柄底部开花结果。果实开始变红后即可采收

已经结果的枝条 2 ~ 3 年回剪 1 次以促进发出新枝

栽种要点

要根据栽种地区的气候环境选择合适的品种。欧洲醋栗适合冷凉地区，美洲醋栗适合温暖地区。两类都是在果实颜色变深后即可采收。采收下来的果实可马上食用或用于加工果酱等。

所以需要戴着手套修剪。

盆栽的情况下需要通过控制枝条数量达到植株紧凑的效果。

●提高果实品质

最重要的是安全度过暑热干燥的夏季。如果土壤过干则会使叶片干枯从而影响结果，所以应在夏季高温干燥期于植株根部铺上腐叶土等覆盖介质。即使是栽种在庭院里也要注意充足浇水。

●施肥方法

在 3—4 月把颗粒肥料从土表翻入土中。盆栽则在定植 1 个月后将缓释肥料埋入花盆边缘，之后在每年春季和秋季追肥。

●需要警惕的病虫害

易发白粉病和叶斑病，需要喷洒药剂防治。

杨桃

果实非常特别，截面是独具特色的五角星形

基本信息

- 学名“阳桃”，酢浆草科，常绿小乔木，株高5～10 m
- 原产地：东南亚
- 适合定植时期：4—5月、9—12月
- 单株结果性：有
- 开花：4—8月
- 收获：7—9月
- 人工授粉：不需要

●特征与品种选择

果实的截面呈五角星形，是非常特别的热带水果。果实可以连皮一起直接生食，或制作成果酱。适宜生长的温度为 20 ～ 30 ℃。虽然偶尔受一次霜害不至于完全枯死，但还是应尽量维持在不低于 15 ℃的环境下越冬。杨桃的原产地全年降水量没有明显变化，所以在夏季干燥时期需要注意补水。

●树苗定植

虽然喜多湿环境，但在梅雨季节也要警惕因过湿带来的问题。在春季到秋季的生长期，需要在室外充足照射直射日光，冬季则要在日照良好的室内养护。

●修剪与造型

盆栽在定植后的头三年通过反复回剪处理成模样木风格造型。植株成熟后换至盆口直径约 30 cm 的花盆中，之后的修剪以疏剪枝条为主。在叶片背面出现的黑白颗粒为植物分泌的糖分，并非病虫害。

盆栽时的植株造型方法

使用赤玉土：腐叶土：河沙比例为3：1：1的土壤种植，把主干剪短

盆栽时的模样木风格植株造型

定植后的头3年通过反复回剪完成植株造型，造型成熟后换盆至盆口直径约30 cm的花盆中

栽种要点

在花期会开出白色或紫红色的带有芳香气味的花。花谢后会结出绿色的小果实，果实会慢慢变成黄色。另外其羽状叶片有夜间下垂的特点，也可以作为颇具特色的绿植装点室内空间。

●提高果实品质

具备单株结果性，所以即使不进行人工干预也能正常开花结果。要注意植株的枝条较易折断。

●修剪方法

由于是在老枝上开花结果，所以原则上不进行修剪。定植后3～4年开花结果。

●施肥方法

地栽在5—9月的生长期阶段施固体肥料。盆栽在定植1个月后和每年初春在花盆边缘埋入3～5小粒缓释肥料。

●推荐食用方法

果实从黄绿色变为黄色就完全成熟了。由于果实中含有果胶，所以在黄绿色状态下适合制作果冻等，完全成熟后则适合直接生食。

酢橘

香橙的近缘植物，最大的特征是其风味特别的绿色果实

基本信息

- 芸香科，常绿灌木，株高2～3 m
- 原产地：不明
- 适合定植时期：3月下旬至4月
- 单株结果性：有
- 开花：5月
- 收获：8—10月
- 人工授粉：不需要

●特征与品种选择

相比代代酸橙和香母酢，酢橘的耐寒性更强，在冬季最低气温 -7 ~ 0 ℃的地区也可以栽种在庭院中。没有特别的品种区分。

●树苗定植

在 3 月下旬至 4 月选择不会西晒的、日照稍弱的庭院位置定植。需要挖约 50 cm 深的树坑，加入掺有堆肥的兼具保水性和保肥性的土壤进行定植。

盆栽则使用盆口直径约 20 cm 的花盆，开始结果后每隔 1 年换盆 1 次。

●修剪与造型

处理成半圆形造型或主干型造型。在通过剪短枝条促发短枝的同时，疏剪枝条可以起到改善光照效果的作用。

盆栽可以采用自由的造型或标准的植株造型。

●提高果实品质

在强壮的短枝上发出花芽并开花，在当年长出的新枝上也会开花结果。

庭院栽培时的主干型植株造型

1 在冬季挖好树坑并掺入堆肥，在 3—4 月定植。1 年后的春季剪短枝条

2 之后每年在春季时将前一年长出的枝条剪短 1/3，以进行造型

3 造型成熟后剪短徒长枝并对枝条过于密集的地方进行疏剪

疏果

1 在 7 月对果实过于密集的地方进行疏果

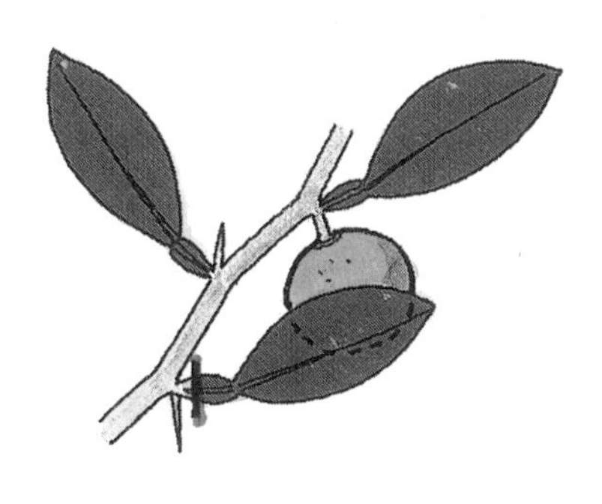

2 在 7 月下旬按照每 5 片叶子对应 1 个果实的标准进行第二次疏果。剪除遮挡果实的叶子

到 7 月对结果过于集中的位置和叶片较少的位置进行疏果。这时要将盖在果实上的叶片也同时摘除，为果实确保良好的光照条件。之后在 7 月下旬，按照地栽每 5 片叶子对应 1 个果实、盆栽每株 7 ~ 10 个果的标准再次疏果。

从 8 月中旬开始，可以陆续采收已经长大的果实。如果到 10 月下旬还不采摘的话果实就会变黄，因果液和酸味减少而影响口感。采摘后和干燥剂一起密封在塑料袋中，在 3 ~ 5 ℃下冷藏保存的话可以保持绿色的状态。

盆栽在冬季如果吹到寒风会落叶，从而影响结果，所以冬季需要在避风的地方养护。

草莓番石榴

原产于巴西的带有草莓风味的番石榴

基本信息

- 桃金娘科，常绿灌木，株高1～3 m
- 开花：4—5月
- 原产地：热带地区
- 收获：9—10月
- 适合定植时期：4—6月
- 人工授粉：不需要
- 单株结果性：有

●特征与品种选择

草莓番石榴是番石榴的一种，它的花、果实和叶片都带有草莓芳香。还有结出黄色果实的黄草莓番石榴品种。其果实是富含维生素 C 的健康食品，除直接生食外，还可以作为果汁和冰激凌的食材，叶片可以做番石榴茶。

●树苗定植

喜高温多湿环境，但也具一定的耐寒性，所以在冬季最低气温为 0 ℃以上的地区可以种植在庭院中。喜排水性良好的弱酸性土壤，可以盆栽作为观叶植物赏玩。

●修剪与造型

在 3—4 月对细枝和老枝进行疏剪，并剪短徒长枝。盆栽可以修整成模样木风格的造型。

●提高果实品质

选在日照好的位置养护。如果是盆栽参考每 10 片叶子对应 1 个果实、每株 8 ～ 10 个果实的标准进行疏果。

代代酸橙

日本传统的新年装饰。果实可以用砂糖腌渍，也可以做成果酱

加工品 果酒 药效

基本信息

- 芸香科，常绿小乔木，株高2~5 m
- 原产地：喜马拉雅地区
- 适合定植时期：3—4月
- 单株结果性：有
- 开花：5月
- 收获：12月至翌年1月
- 人工授粉：不需要

特征与品种选择

日本每逢新年都会将代代酸橙摆放在圆形镜饼上作为供品。其果实越冬时不会从树上掉落下来，可以一直挂在枝头 2 ~ 3 年时间，故取其代代相传的美好寓意。

果实酸味和苦味较重，不适合直接生食，除用于烹饪调味外，还可以加工成果酱等。

树苗定植

需要选择吹不到北风且日照良好的位置种植。植株不耐寒，冬季需要用草帘子或腐叶土覆盖根部防寒。在较冷的地区需要采用盆栽的形式。

修剪与造型

3 月进行修剪，第一年将主干回剪至距离地面 40 cm 左右的高度，第二年以后则是回剪新长出来的枝条，并疏剪过于密集的枝条。

基本信息

- 学名“量天尺”，仙人掌科，非耐寒性常绿多肉植物，株高1～10 m
- 原产地：中非
- 适合定植时期：1—2月
- 单株结果性：因品种而异
- 开花：5—10月
- 收获：8—12月
- 人工授粉：需要

●特征与品种选择

英文名 dragon fruit 或 pitaya。口味比较清淡，有类似猕猴桃的酸甜味道。是昙花的近亲，在盛夏时节的夜间开放，开花非常优美。

●树苗定植

耐寒性弱，需要用花盆栽种。需要将苗晾1周左右后定植在盆口直径约 25 cm 的花盆中，使用种植仙人掌的土壤即可。选在日照好的地方养护，培育出一两根主干来。

●修剪与造型

养护方法与令箭荷花、昙花的养护方法相同。需要搭起支架固定主干，当主干长到支架的顶端后用绑绳固定主干，并使新长出来的部分从侧面垂下来。每年 3 月修剪过长枝条的枝梢。

●提高果实品质

初春把所有发出的新芽都摘除后就会萌发花苞，2 ～ 3 周后开花。开花后用毛笔等工具在花里回旋扫动进行人工授粉。要注意如果损伤了柱头、花蕊、子房，则会导致无法结出果实。开花

盆栽时的植株造型方法

1 先将苗在较干燥的地方晾 1 周左右后用仙人掌土壤定植

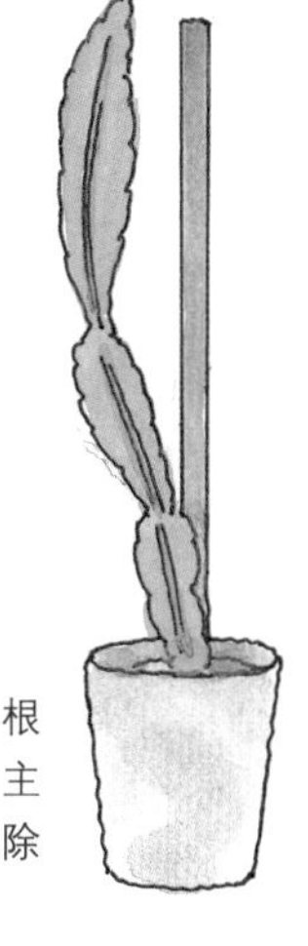

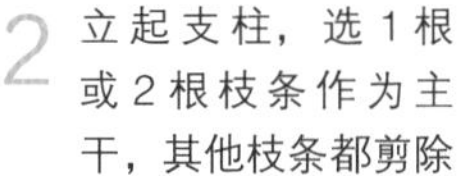

2 立起支柱，选 1 根或 2 根枝条作为主干，其他枝条都剪除

3 用绑绳将主干固定在支架上。用稀释 1000 倍的液肥每周施两三次，以促进长叶

4 主干到达支架顶部的高度后，将枝条梳理到支架上方

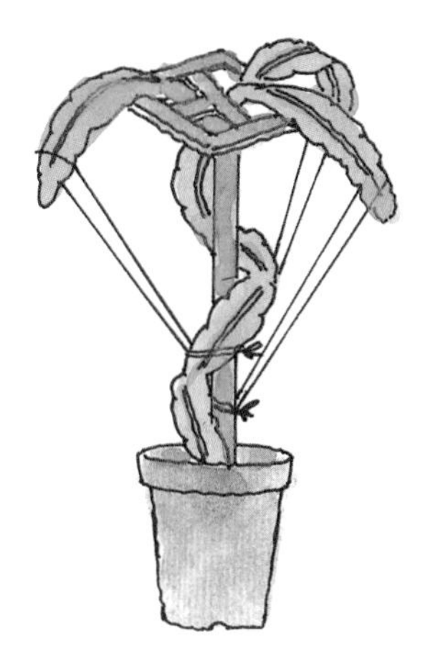

5 将长得比较长的枝条用绳固定以使其向下垂

6 为了避免长出徒长枝，在 3 月将嫩枝摘心，5—10 月会开花结果

后一个半月至两个月果皮开始变红，再经过 10 天左右就完全成熟了。

●施肥方法

每 1 ~ 2 个月 1 次，将缓释肥料施用于花盆边缘。

●需要警惕的病虫害

为了预防蜗牛、蛞蝓等虫害，需要在植株根部放置石灰、木炭或蛞蝓驱除剂等。

●推荐食用方法

果实可以用于制作果冻、冰激凌、沙拉等。其白色的花和花苞可用于制作天妇罗或炖汤等。

日本梨

在采摘前期断水的话可以有效增加甜度

基本信息

- 蔷薇科，落叶灌木，株高2～8 m
- 原产地：日本
- 适合定植时期：4月
- 单株结果性：因品种而异
- 开花：4月
- 收获：8—9月
- 人工授粉：需要

●特征与品种选择

日本梨品种较多，有红皮梨，也有青皮梨。红皮梨包括中型果的‘幸水’、大型果的‘丰水’，及抗病性强的‘爱甘水’；青皮梨有‘二十世纪’等品种。市面上的树苗多是用野生品种作为砧木嫁接而成的嫁接苗。通常将中国梨品种作为授粉树使用。对于每个品种来说一般能授粉成功的只能是不同品种中的某些特定品种，所以在种植时要选择至少 2 种亲和性好的品种一起栽种。

●树苗定植

要注意避免经历晚霜，选择庭院里光照充足、透气性好的地点栽种。对土质没有特别要求，只要不出现缺水过干的情况即可。盆栽使用盆口直径约 25 cm 的花盆种植，在日照充足的地点养护。

●修剪与造型

为避免采收期因台风而受灾，可以在庭院搭起较低的棚架，将植株牵引成“U”字形。盆栽可以采用模样木风格造型，更新短果枝。

‘爱宕’

‘二十世纪’

易培育的日本梨品种

类型	品种名	特点
红皮梨	‘幸水’	早生、中果、甜
	‘丰水’	中生、大果、盆栽
	‘长十郎’	中生、盆栽
	‘新兴’	晚生、盆栽
	‘爱宕’	晚生、特大果、香味浓郁
青皮梨	‘菊水’	中果

‘幸水’

‘风水’

梨花

● 提高果实品质

有同株不育性和异株不育性，需要选择亲和性好的品种进行人工授粉。选择环境温度超过 15 ℃的日子，用刚开放的花进行人工授粉。在开花后 2 ~ 3 周，即 5 月中旬进行疏果。

在夏季高温干燥期，可以在地栽植株周围挖多个水坑储水。在采收期的 10 天前停止补水。盆栽则需要每天早晚各进行 1 次充足浇水。

● 施肥方法

1 月施迟效有机肥料，采收后施缓释肥料进行追肥。盆栽在定植 1 个月后将三四小粒迟效固体肥料埋在花盆边缘处。每年春季和冬季按照同样的方法施肥。

● 需要警惕的病虫害

如果发现蚜虫、卷叶蛾、悬铃木方翅网蝽需要马上驱除。注意如果附近有圆柏、刺柏之类的树，则植株易发梨锈病。

● 推荐食用方法

日本梨成熟度越高糖分越多，通常需要在完

庭院栽培时的“U”字形植株造型

1 将树苗定植，剪除1/3。长出新的枝条后确定2根主枝

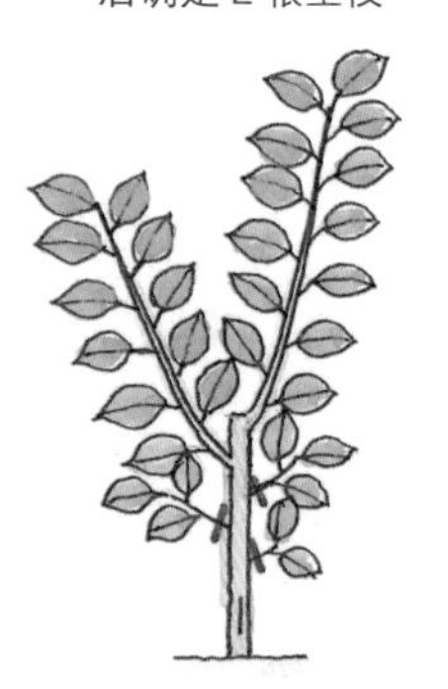

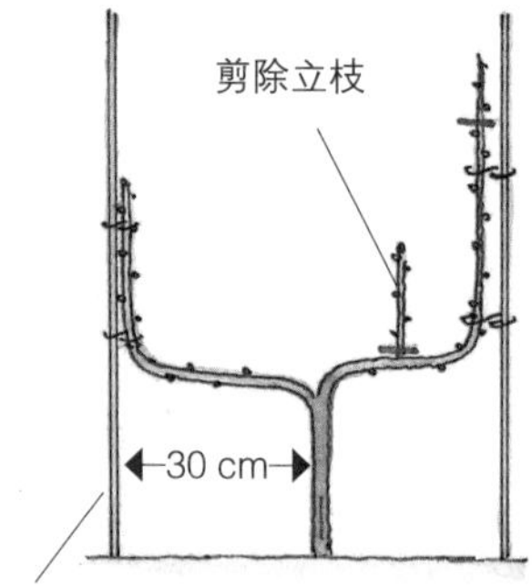

在左右两侧距离根部30 cm的位置分别立起支柱

2 将2根主枝沿水平方向牵引至左右两侧的支架上

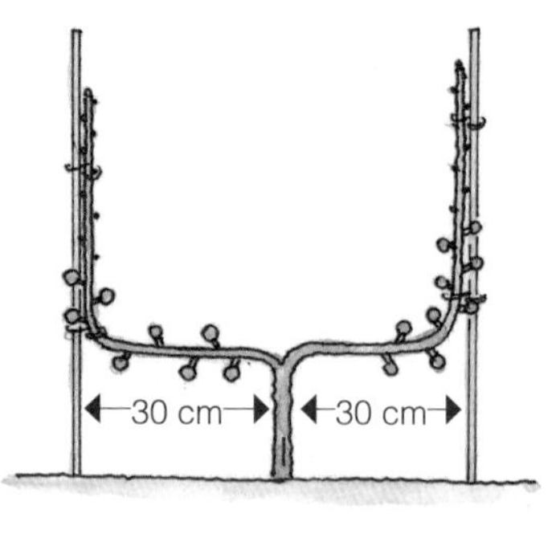

3 回剪枝梢，反复修剪以促发结果枝

盆栽时的模样木风格植株造型

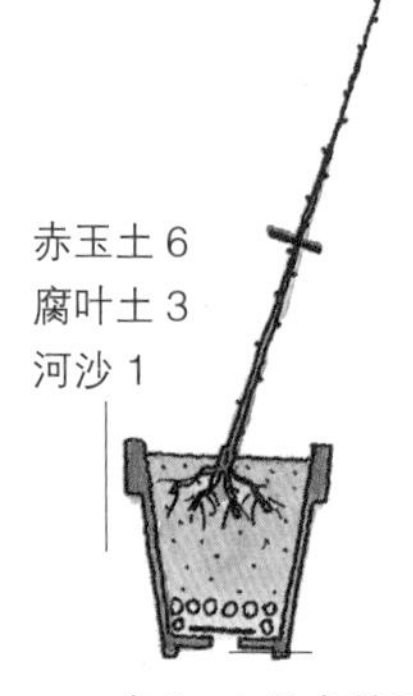

赤玉土 6
腐叶土 3
河沙 1

1 在2—3月定植于盆口直径约20 cm的花盆中，在花盆1倍的高度处回剪

2 在6—7月使主干直立起来，侧枝沿水平方向牵引

3 冬季剪掉主干的枝梢。不必要的枝条从底部剪除

4 第二年从侧枝上长出的短枝会开花并结果

全成熟后再采收，‘幸水’‘长十郎’则在采收后催熟。对于不耐储存的‘爱甘水’和‘新水’来说，需要在气温较低的清晨采收。‘丰水’‘新兴’等较耐贮藏。

Q&A

如何让结果效果好的枝条多一些呢？

可以选择较好的枝条在强壮的新枝上进行高位嫁接。可以在夏季结束时进行芽接，春季或秋季进行腹接。要注意接口不能过于干燥。

结果方式

1 在当年长出的枝条或以前枝条上长出的短果枝枝梢上萌发花芽

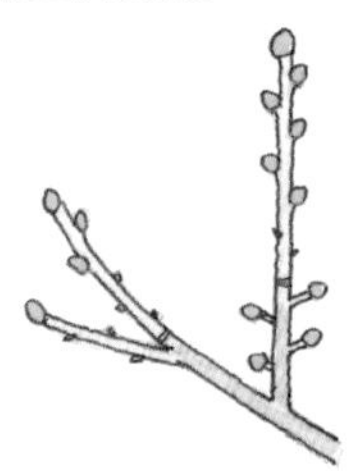

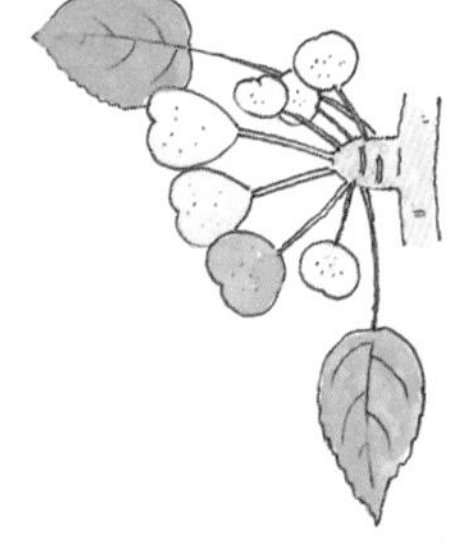

2 第二年会从花芽处长出叶片和花苞，开花并结果

3 按照每25片叶子对应1个果实的标准疏果

人工授粉

给从底部数起的第3～5朵花授粉即可

选一个晴朗的上午，用其他树的花进行人工授粉。1朵花可以给5～6朵花授粉，也可以2棵树相互授粉

疏果

盆栽每株留两三个果实。如果是大型果实的‘丰水’，则留2个果实

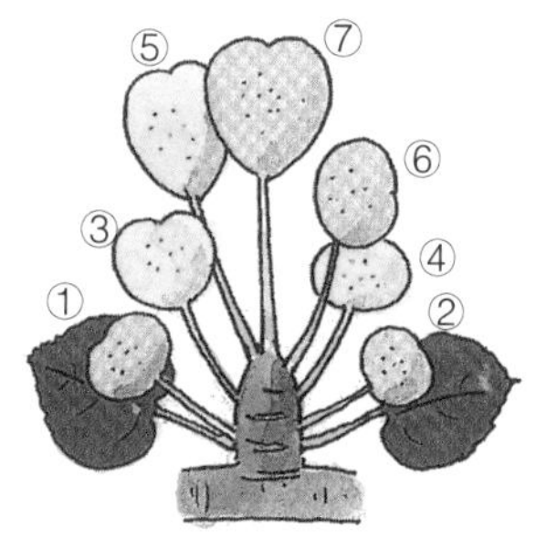

在一个短枝上结出多个果实。疏果时应保留容易膨大的第3～5个（③～⑤）果实中的一两个，其他摘除

Q&A

如何令采收的日本梨品质提升？

日本梨成熟度越高甜度越大，但如果在采收前给水过多，果实就会水水的，丧失品质。虽然夏季需要注意补充足够的水分，但在采收前的10天断水的话能提高果实甜度。

Q&A

开花越来越少怎么办？

如果植株较老的话长势就会变弱，不容易开花。需要把已经多年采收的枝条从底部剪除，以促进新枝更替。同时，适当的浇水和施肥等也会提高开花量。

日本夏橙

耐寒性不强，在冬季最低气温为0℃以上的区域可以在庭院中栽培

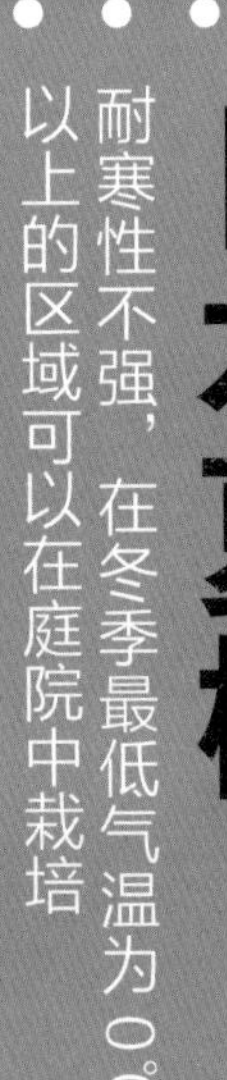

基本信息

- 芸香科，常绿灌木，株高3～6 m
- 原产地：日本
- 适合定植时期：3月下旬至4月
- 单株结果性：有
- 开花：5月
- 收获：2—5月
- 人工授粉：不需要

特征与品种选择

日本夏橙带有酸苦味，是在4—5月成熟的晚生柑橘类水果。通常栽种的品种为‘甘夏’，果皮和果肉颜色浓郁的‘红甘夏’也很受欢迎。

树苗定植

耐寒性差，只能在冬季最低气温为0 ℃以上的区域里的庭院栽种。在3月下旬至4月，选择日照充足且不会被强风吹到的比较温暖的位置定植。

盆栽选盆口直径为25 cm的花盆定植，需要在霜降前移入室内养护。在开始收获果实后，每隔1年倒1次盆。

修剪与造型

庭院栽培时可以采用主干型或半圆形植株造型。盆栽时将植株高度控制在花盆高度的3倍左右，采用模样木风格的植株造型。

在早春时节新芽开始生长之前进行修剪，这时枝条上还挂着果实，所以仅将较粗的枝条疏剪即可。采收后再疏剪较细的枝条，并将较长的枝条剪短。

庭院栽培时的植株造型方法

3 也可以采用半圆形植株造型，将 2 根主枝向水平方向牵引。前端剪除 1/3 左右

疏蕾与疏果

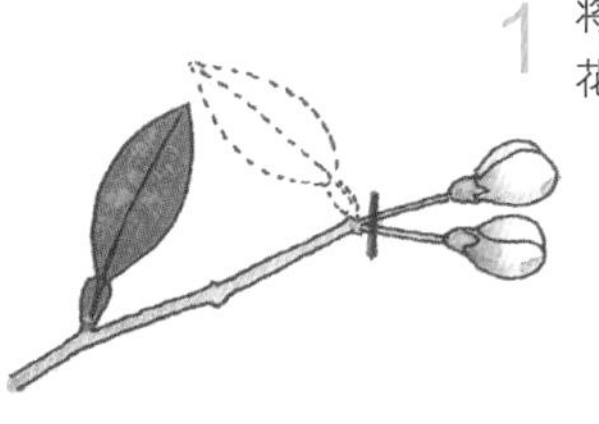

越冬措施

还有为了避风而在植株的西侧种树的方法

这里选用稻草和塑料布作为覆盖物比较有效

整体罩防寒纱并用绳固定

●提高果实品质

在 7—9 月疏果，最终的疏果标准为每 50 ~ 60 片叶子对应两三个果实。立春过后如果天气比较凉可能会发生生理落果。虽然果实成熟度越高甜度越大，但因寒冷而发生落果的可能性也比较高，所以在温暖地区从 2 月中旬开始采收并贮藏。

如果长时间持续低温，会出现果实受冻发苦的情况，所以需要覆盖防寒纱以防止受寒。

●施肥方法

在3月、6月、10月施肥，分别称为“春肥”“夏肥”“秋肥”，夏肥的量控制在春肥、秋肥的一半即可。

●推荐食用方法

完全成熟的甜果可以直接生食，而较酸的果实可以加工成柑橘果酱等享用。

枣

耐寒、耐暑且耐旱，是非常易养护的果树

基本信息

- 鼠李科，落叶灌木，株高2～3 m
- 原产地：欧洲南部、西亚
- 适合定植时期：2—3月
- 单株结果性：有
- 开花：5月
- 收获：9—10月
- 人工授粉：用毛笔尖轻刷花头

●特征与品种选择

枣自古以来被当作一味中药使用。日本野生品种果实比较小，但原产韩国的品种‘无等’，以及经过改良的韩国和中国品种中有很多果实大又美味的。

耐暑性和耐寒性强，长势旺盛。

●树苗定植

在2—3月，选择日照充足且排水性好的庭院位置定植，冬季最好进行一些覆盖以避免霜害。

盆栽在3月定植，保持稍偏干的状态养护，冬季最好移至室内。

●修剪与造型

植株整体为直立株型，可以让侧枝长出，采用主干型造型。如果株高过高则将主干剪除。

枝条长势比较旺，需要对过于密集的部位和没有必要的徒长枝进行疏剪，以保证植株内部的充足日照。

●提高果实品质

虽然为同株授粉，但如果用毛笔尖进行人工授粉则可以有效提高结果数量。盆栽如果结果过多可能会造成每个果实都不够饱满，所以应按照一根新枝三四个果实的标准进行疏果。

庭院栽培时的主干型植株造型

1 比较短的苗可以不做处理，比较长的苗则回剪至 30 ~ 40 cm 高

2 一些长势不足的枝条在落叶期会自然脱落，所以小苗不需要做特别的修剪

3 从第三年起，要将过于密集、影响光照的位置疏剪以便透光

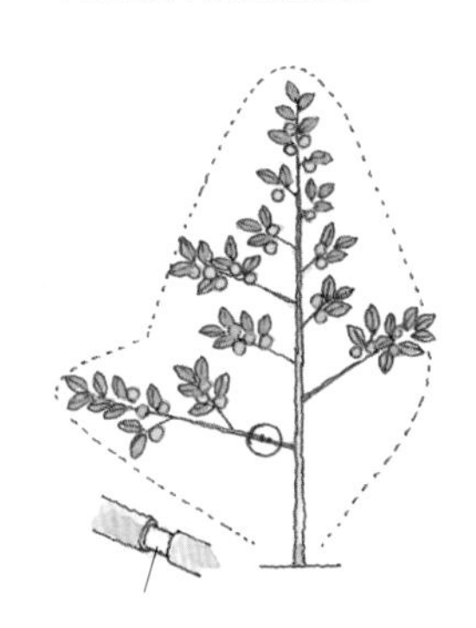

4 长势过旺的话可以用环剥树皮的方法削弱长势

将树皮按照 1 ~ 1.5 cm 的宽度环状剥除

盆栽时的主干型植株造型

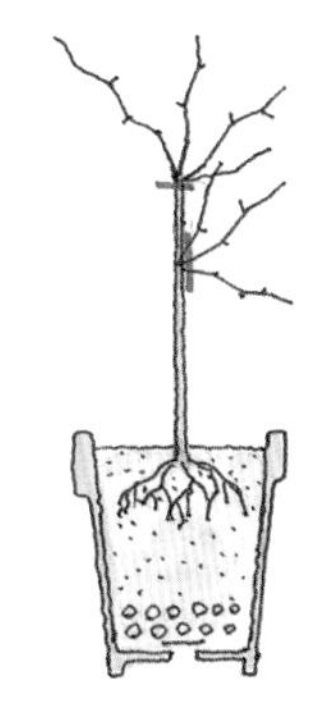

1 在盆口直径约 20 cm 的花盆中栽下树苗并立起支架。剪除枯枝

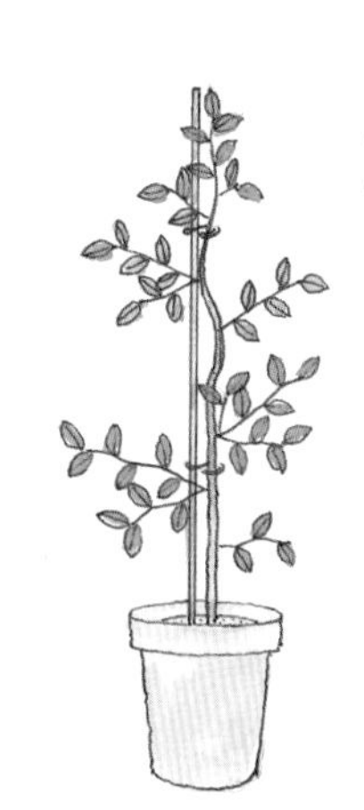

2 将主干以直立形态固定在支架上，并将枝梢剪除

3 在新叶可以完全长出四五片之前，将同一处长出的枝条修剪为一两根，剪除较弱的枝条

●施肥方法

除底肥外，只要植株长势正常就不用另行施肥。

●需要警惕的病虫害

会有虫子啃食果实并钻进果实里，如果发现，需要及时采取驱虫措施。

●推荐食用方法

果实颜色变成红褐色并稍变软时用手采摘。除生食外，还可以用砂糖煮过后做成干果享用。

基本信息

- 蔷薇科，落叶灌木，株高1～1.5 m
- 开花：3—4月
- 原产地：中国
- 收获：6—8月
- 适合定植时期：11月至翌年3月
- 人工授粉：不需要
- 单株结果性：有

●特征与品种选择

株型小且开花效果好，经常作为庭院植物栽种。可以通过分株或扦插轻松繁殖。没有特别区分品种。

●树苗定植

在落叶期的11月至翌年3月，除严冬期外，选择日照充足且土壤兼具排水性和保水性的地方定植。

对于盆栽，则选择盆口直径约20 cm的花盆定植，每2～3年换盆1次。

●修剪与造型

在发芽前疏枝以确保充足的日照，开花后将植株剪短以促发新的短枝。如果植株过老，则可以利用根蘖进行植株更新。

●提高果实品质

庭院栽培在2月和9月施肥，盆栽则在3月施肥。

6—8月果实变为紫红色时采收，可用于制作果酒或果酱。

油桃

果实上无毛，是桃子的近亲

加工品　生食

基本信息

- 学名“杏李”，蔷薇科，落叶中乔木，株高2.5～3 m
- 原产地：中国
- 适合定植时期：12月至翌年3月
- 单株结果性：有，但最好混植不同的品种
- 开花：4月
- 收获：7—8月
- 人工授粉：需要

●特征与品种选择

与桃非常类似，但其最大特征为果实上没有毛。较常见的有‘平冢红’‘秀峰’等甜油桃品种。口味甘甜，汁水丰沛，可以直接生食，也可以用砂糖煮食。

●树苗定植

选择日照充足的位置，挖稍大一些的树坑，在根系不会直接接触到的位置加入堆肥后定植树苗。因为植株相比桃树耐寒性稍弱，所以在较寒冷的地区无法在庭院中栽种。

●修剪与造型

在 6 月和采收过后将较弱和较旧的枝条疏枝。

●提高果实品质

在附近种植不同品种可以提升结果效果。不耐多湿环境，耐旱，因而庭院栽培时不需要浇水。盆栽情况下如果已经开始收获，则应在采收后的第二年春季换盆。

菠萝

可以尝试用菠萝叶子种种看

基本信息

- 学名“凤梨”，凤梨科，常绿多年生草本，株高0.5 ~ 1.5 m
- 原产地：南美洲
- 适合定植时期：3—9月
- 单株结果性：有
- 开花：4—5月
- 收获：8—9月
- 人工授粉：不需要

●特征与品种选择

常见的、比较受欢迎的品种有英国皇家植物园培育出的‘无刺卡因’和易食用的‘零食松果’（‘Snack Pine’）等。

●树苗定植

适合栽种在全年气温 25 ℃左右、雨水丰沛的地区。

用果实上面的叶子（冠芽）进行扦插的话很容易培育。可以把市场上买来的菠萝的叶子切下来，摘掉一些底部的叶子后把切口晾一晾，选用排水性良好的肥沃的酸性土扦插，1 个月左右长出根后移至光照充足的地方养护。

●修剪与造型

从叶的中心部位长出果实后要搭起支架防止倒伏。果实成熟时从叶片之间还会长出子株（蘖芽），可以将这些子株移到另外的花盆中种植。

●提高果实品质

全年需要保持高温环境，一旦环境温度低于 10 ℃就会休眠。虽然植株耐旱性强，但要注意生长期不能缺水。叶片达 70 ~ 80 片时，在短日

冠芽扦插

1 切下果实上部芽的部分，利用这部分进行扦插繁殖

2 在阴凉处将切口晾干，为了减小切口面积，可以修成楔状

3 在盆口直径约 12 cm 的花盆中，放入排水性好的土壤，维持相对偏干的水平养护

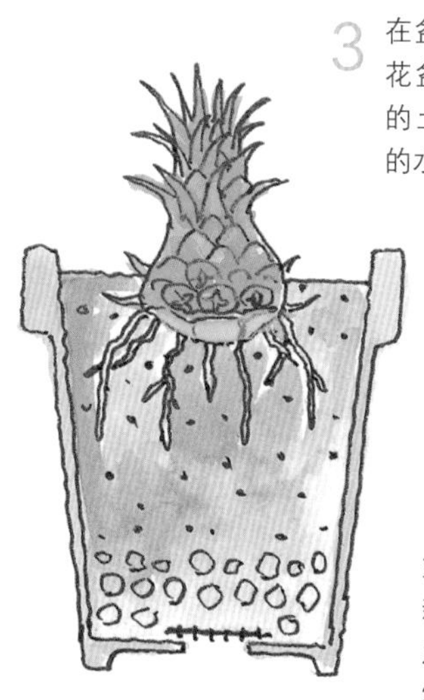

4 如果已经扎根且发出新芽，则要在花盆过满之前移入盆口直径约 20 cm 的花盆中养护

5 如果果实不变色，则要切除冠芽中心部分叶片以摘心

照条件（一天的光照时间不超过 12 小时）下即可发出花芽。

抽薹约 5 个月后果实成熟，一半以上的果皮变成橙色后，开始发出怡人的香气。

●施肥方法

在春季到秋季的生长期，每月追肥 1 次，特别是需要补充氮和钾，可以用喷壶向叶片喷洒液肥。

●需要警惕的病虫害

向叶片喷水可以预防红蜘蛛。如果土壤排水性欠佳可能会引发烂根。

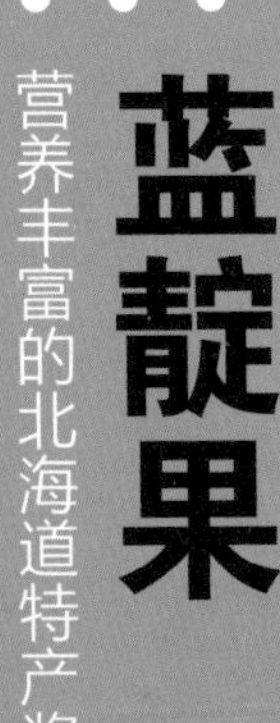

蓝靛果

营养丰富的北海道特产浆果

基本信息

- 学名“蓝果忍冬”，忍冬科，落叶灌木，株高1～2 m
- 原产地：日本北海道
- 适合定植时期：12月至翌年3月
- 单株结果性：有，最好是2个品种以上混植
- 开花：5—6月
- 收获：7—8月
- 人工授粉：需要

●特征与品种选择

蓝靛果是日本北海道特产，是一种耐寒性很强的浆果。富含维生素和矿物质，被誉为“不老长寿果”。北海道原住民爱奴人的语言中称其为“哈斯卡特”。

蓝靛果鲜果不耐储运，市面上基本见不到。推荐‘勇拂’、‘回旋’（‘Swivel’）等品种。

●树苗定植

在春季或秋季选择日照充足且通风良好的位置定植。植株扎根较浅，忌缺水干燥，需要用稻草、堆肥、腐叶土、瓦楞纸板等覆盖根部以避免过干。

●修剪与造型

从植株底部发出很多枝条，呈丛状。留 5 ~ 7 根结果枝条后将其他根蘖剪除。反复采收后果实会越来越小，所以大约 5 年后在新芽萌出之前要将老枝从底部剪除以促发新枝更替。

●提高果实品质

从新枝底部起 1 ~ 3 节处萌出花芽，虽然每处并排开 2 朵花，但只会结出 1 个果实。在野生

庭院栽培时的植株造型方法

1 准备树苗，在土中掺入泥炭等，调成酸性土壤后再定植

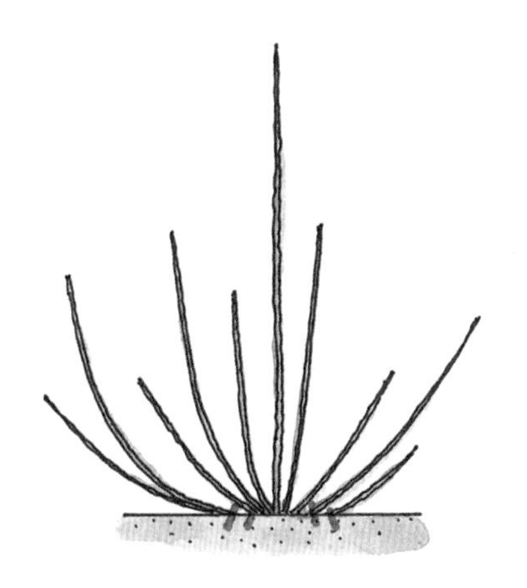

2 将长势过旺的侧枝和根蘖从底部剪除

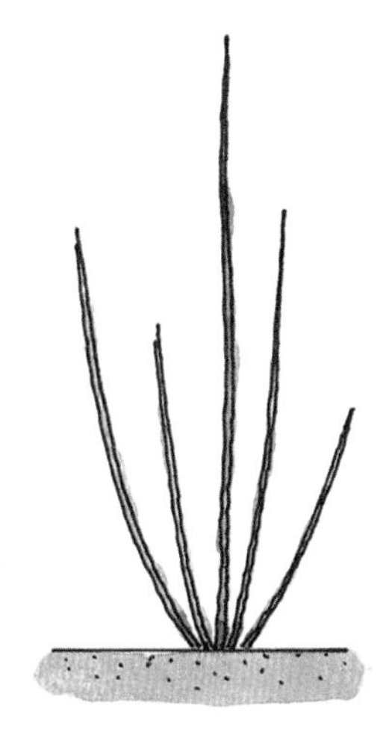

3 将枝条整理成四五根，养护过程中注意保证土壤水分充足

4 冬季将枝条长度无序回剪 1/4 ~ 1/3

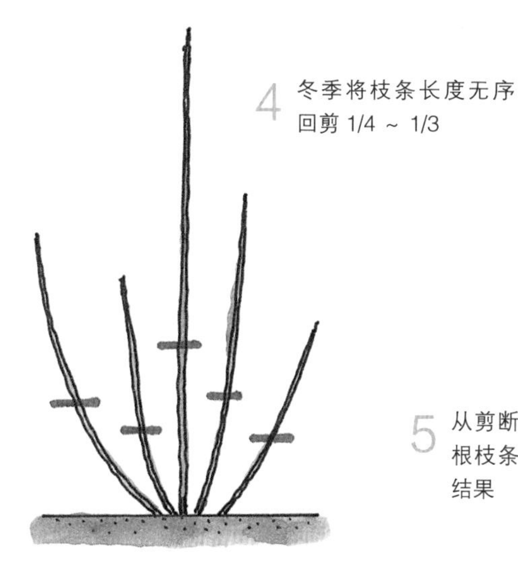

5 从剪断处发出多根枝条，并开花结果

栽种要点

蓝靛果原本是在北海道的苫小牧市、勇拂原野生长的野生植物，被当地爱奴人当作“不老长寿的秘方”。其富含大量钙、铁等矿物质和维生素 A、维生素 C 等现代人容易缺乏的营养成分，是非常物美价廉的营养食品。

环境下会有昆虫帮忙授粉，但由于其同株授粉成功率较低，所以需要混栽不同品种的植株并进行人工授粉。

●需要警惕的病虫害

植株虫害较少，如果发现介壳虫和卷叶蛾则需要尽快剪除。如果湿度过大或过于干燥的话有可能出现枯枝病和灰霉病，所以需要保持适宜的环境湿度。

●推荐食用方法

果实成熟后很难长时间保存，如果不能马上吃完，可以用砂糖腌渍或加工成果汁、果酒等。

八朔蜜柑

既可直接生食也可加工成果酱。果皮也可以制成陈皮享用

基本信息

- 芸香科，常绿灌木，株高1.5～3 m
- 原产地：日本
- 适合定植时期：3月下旬至5月下旬
- 单株结果性：无
- 开花：5月
- 收获：12月至翌年1月
- 人工授粉：需要

●特征与品种选择

这是最早于1860年在日本广岛县因岛发现的柑橘属水果。市面上常见的有果皮为橙色的‘红八朔’，果实很早开始变甜的‘甜春’等。

●树苗定植

在3月下旬至5月上旬选避开冷风直吹且土壤兼具保水性和排水性的位置栽种。

如果是盆栽，则选用盆口直径约30 cm的花盆，在日照充足的地方养护。需要每年换盆1次。

●修剪与造型

在2月下旬至3月下旬发芽前进行修剪。由于植株长势比较旺盛，所以需要将过壮或过于密集的枝条从底部剪除，以保持比较紧凑的造型。

●提高果实品质

由于植株不能单株结果，所以需要使用夏橙的花粉进行人工授粉。在7—8月按照每60～80片叶子对应1个果实的标准进行疏果。如果是盆栽则以每株两三个果实为标准。

属晚生品种，采收要等到12月以后，但如

庭院栽培时的主干型植株造型

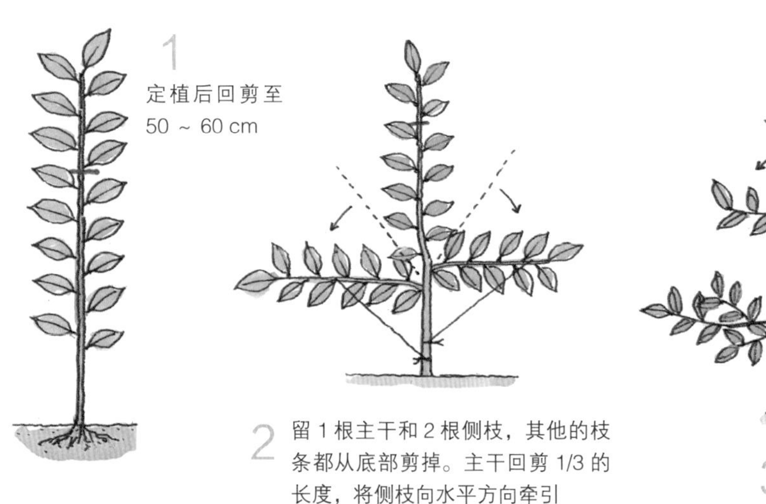

盆栽时的模样木风格植株造型

结果方式

果受寒则有可能导致果实变苦，所以如果不是处于较温暖的地区，则尽量在霜降前、最晚 12 月底采收。采收后在室内放置 2 周让酸味褪去。之后如果在 5 ℃左右的环境中保存，则 2—3 月可以吃到口味甘甜的果实。

●施肥方法

重点施春肥，并在秋季追肥。

●需要警惕的病虫害

有可能因感染病毒而出现萎缩病导致落果，所以需要选择不带病毒的树苗。

●推荐食用方法

除直接生食外，还可以加工成果汁，果皮用砂糖腌渍也很可口。

百香果

开花华丽，是观赏西番莲的近缘植物

基本信息

- 学名“鸡蛋果”，西番莲科，多年生常绿草质藤本植物，株高0.7～1 m
- 原产地：巴西
- 适合定植时期：3—4月
- 单株结果性：有
- 开花：5月
- 收获：7—8月
- 人工授粉：不需要

●特征与品种选择

百香果是西番莲的近缘植物，是用于食用的水果西番莲品种，有紫色果实和黄色果实两种，如果两种同时栽种有助于提升结果效果。

●树苗定植

通常采用盆栽方式种植，选择排水性好的土壤浅植，搭起支架，将枝条牵引在支架上。冬季移入室内，在不低于 5 ℃的环境下越冬。

在温暖地带也可以在庭院栽培，选择土壤排水性和日照均良好的地方定植。冬季需要避免霜害，即使因受寒落叶，只要根系没有受损，春季也会发出新芽，所以可以在根部覆盖腐叶土或稻草静待春天到来。

也可以通过播种培育苗木。在食用果实时，把种子用水充分洗净并栽种在小花盆里，长出本叶后即可定植在庭院或大花盆中。

●修剪与造型

让枝条攀爬在围栏或棚架上，如果是盆栽则采用倒锥形支架牵引。

庭院栽培时的主干型植株造型

1 定植后，立起支架并将植株牵引上去

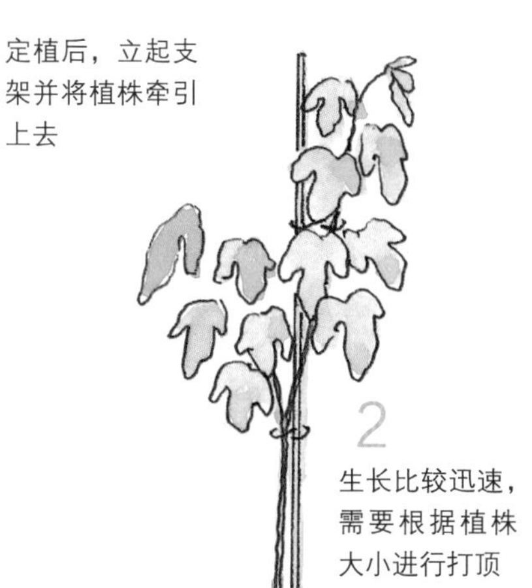

2 生长比较迅速，需要根据植株大小进行打顶

盆栽时的倒锥形植株造型

将枝条在支架的外侧牵引，回剪后长出的新枝会萌发花芽

扦插

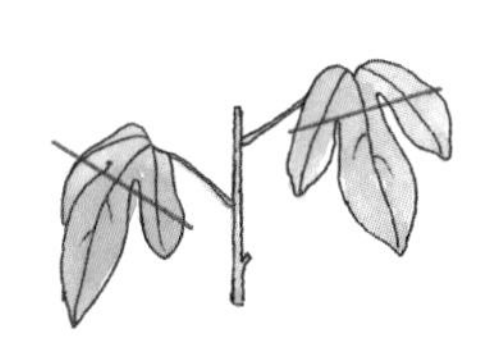

1 在 3—6 月可以用绿枝扦插，将枝条按照两三节一段截取插穗

2 扦插在赤玉土中，通过盆底孔供水的形式保证促进出根的土壤湿润

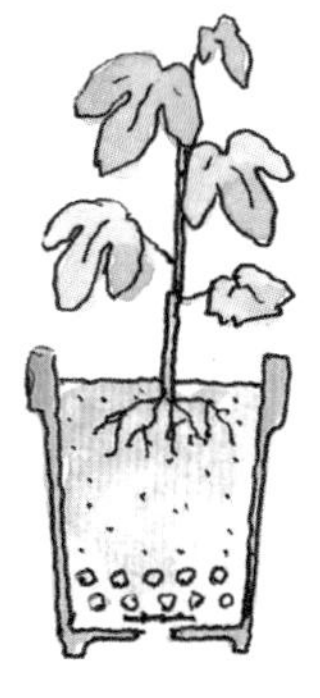

牵引在围栏上

在围栏等处牵引可以同时起到遮阴效果

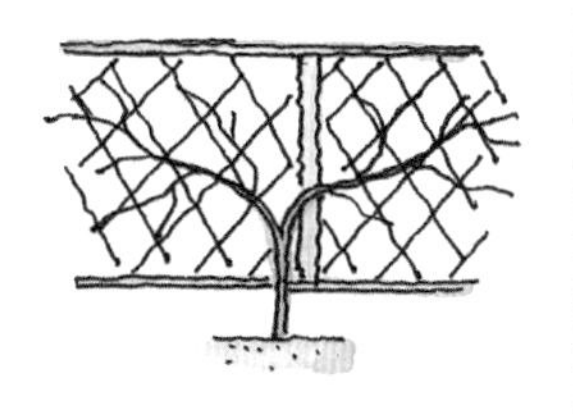

牵引在棚架上

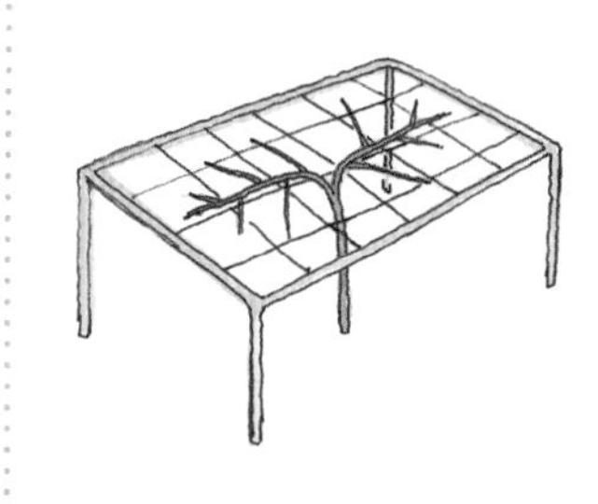

当植株高度达到棚架高度后，需要打顶并将枝条均衡地牵引在棚架上，采收后对植株进行回剪

●提高果实品质

花是由昆虫运送花粉的虫媒花，所以如果在没有昆虫飞来的地方养护则需要进行人工授粉，用毛笔尖沿着花蕊细心刷一遍帮助授粉。

●施肥方法

植株喜多肥，在 2 月和 8 月施缓释肥料，如果叶色不佳则施液肥。盆栽则在生长期施缓释肥料，如果叶色欠佳则每个月施 2 次液肥。

●推荐食用方法

果实表面出现皱褶就说明过度成熟了，最好在开花 50 天左右采收，用勺子挖取果实内瓤享用。

番木瓜

环境温度低于 10 ℃时会停止生长，所以需要在较温暖的地方种植

基本信息

- 番木瓜科，常绿小乔木，株高4～7 m
- 原产地：中美洲
- 适合定植时期：4—5月（播种5—8月）
- 单株结果性：有
- 开花：5月
- 收获：9—11月
- 人工授粉：不需要

●特征与品种选择

番木瓜雌雄异株，同株不稳定，是会在自然界中出现很多杂交品种的植物。如果是完全单株结果的品种，则只有一株也可以顺利结果。如果不能长到超过1 m的高度则很难正常结果。

●树苗定植

选择兼顾保水性和排水性的酸性土壤盆栽。也可以播种育苗，将种子上的薄皮完全剥掉后播种即可。

●修剪与造型

即使不修剪也可以自行发出新枝结果。

●提高果实品质

需要避免多湿和缺水。环境温度低于 16 ℃时无法正常生长，环境温度低于 13 ℃则进入休眠状态。

开花后果实变黄即可采摘，以室温催熟。环境温度低于 15 ℃则不能达到催熟效果。

姬苹果

耐寒性强、植株适应性很强，结出较小的苹果

基本信息

- 蔷薇科，落叶小乔木，株高2～3 m
- 杂交品种
- 适合定植时期：12月下旬至翌年2月
- 单株结果性：有，但尽量将2个以上的品种混植
- 开花：4月
- 收获：10—11月
- 人工授粉：不需要

特征与品种选择

其果实为直径 3 ～ 5 cm 的小苹果。有与各类苹果杂交的品种，有的果实为红色，有的果实为黄色。耐寒性强，耐阴，株型较小，为非常易栽培的苹果类果树。

树苗定植

在 12 月下旬至翌年 2 月，选在日照充足且土壤兼具排水性和保水性的位置定植。小苗期间需要搭支架支撑。

修剪与造型

在植株整体造型完全成熟前修剪过多可能会导致新长出更多的枝条，所以仅对枝条过密的地方进行疏枝即可。

提高果实品质

虽然可以同株授粉，但最好是将 2 个以上的品种一起种植，或在其周围种植深山海棠等其他苹果类近缘植物，这些植物的花都可以有效提升结果效果。除直接生食外，还可以用砂糖腌渍食用或用于制作果酒等。

枇杷

通过疏果来保证结出较大的果实

基本信息

- 蔷薇科，常绿中乔木，株高1.2～10 m
- 原产地：中国、日本
- 适合定植时期：2月
- 单株结果性：有
- 开花：11月至翌年3月
- 收获：6月
- 人工授粉：不需要

●特征与品种选择

枇杷的品种很多，通常可依果肉色泽和果形分类。根据果肉色泽可为红肉类（红沙类）和白肉类（白沙类），前者有‘大红袍’‘夹脚’‘宝珠’等，后者有‘软条白沙’‘洛阳青’‘照种’等。红肉类生长强健，产量高，果皮厚，耐贮藏，适于制罐及加工，白肉类则果皮薄，肉质较细，但生长较弱，产量低，宜鲜食。根据果形可分圆果类和长果类，前者核多，后者核少。

●树苗定植

在年平均气温为 16 ～ 20 ℃的环境下可以正常生长。在气温不低于 3 ℃的环境下可以正常越冬。在萌芽前的 2 月选择不会吹到北风且土壤排水性良好的位置栽种。忌酸性土壤。树苗需要搭支架支撑，定植后回剪至 50 cm 的高度。第四年起开花。

可以选择盆栽的方式避免发生冻害。定植在盆口直径为 30 ～ 40 cm 的花盆中，选在日照和通风状况均良好的地方养护。采摘后换盆。隔年

盆栽时的标准植株造型

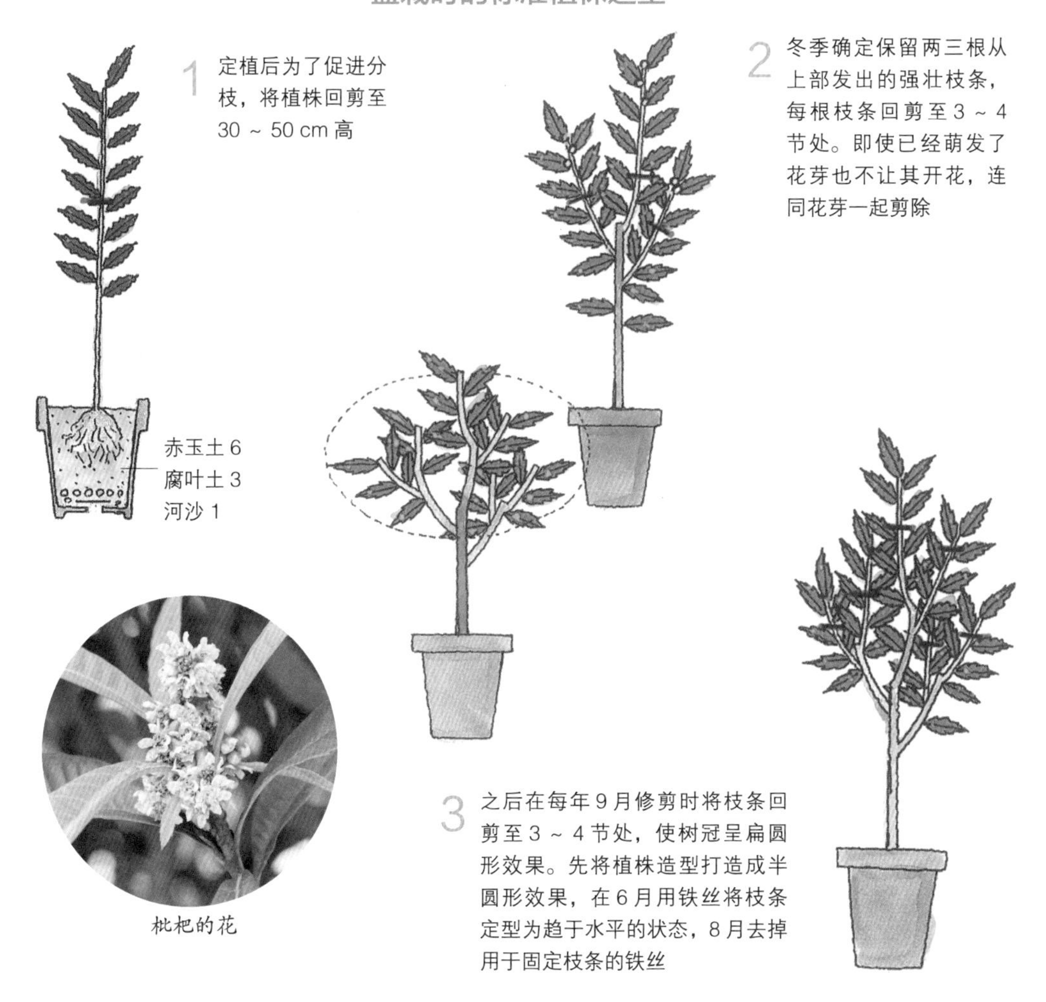

枇杷的花

将根系周围的土打散 1/3 左右，剪除腐烂的根后再重新上盆定植。

●修剪与造型

根据具体品种选用不同的修剪方法。大果的‘田中’等品种应尽量控制植株高度，处理为枝条横向舒展的半圆形造型，小果的‘茂木’等品种则处理成主干型造型。

盆栽可以处理成模样木风格或标准造型。通常在 9 月进行修剪。需要将较密集的枝条进行疏剪，以保证植株内部也可以正常接收到阳光。每 2 ~ 3 年将已经结过果实的枝条剪除，修剪时要注意保留底部的小枝，以促进新枝条更新。

●提高果实品质

通常植株开花量较大，需要通过去芽、疏花穗、疏花蕾、疏果限制结出的果实数量。最终每穗留 1 ~ 3 个果实套袋。‘茂木’通常采用每穗果套一个袋的方法，果实较大的‘田中’则采用每个果套一个袋的方法。

庭院栽培时的半圆形植株造型

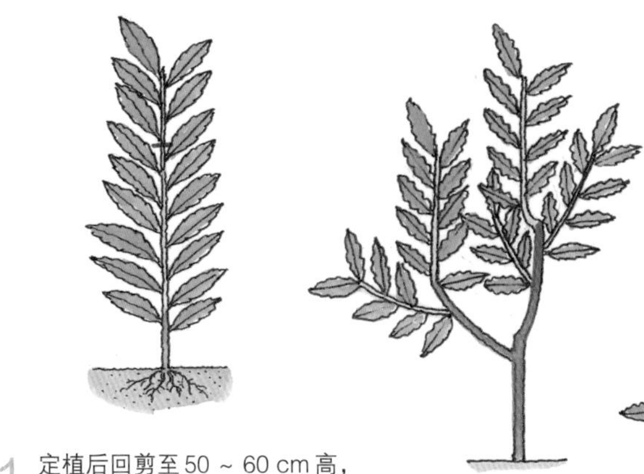

6 月把果袋撕除，让果实尽量充分接受日照，在果实颜色变深后采收。

●施肥方法

3 月把植株周围挖开，埋入迟效有机肥料。如果是盆栽则在春季时将油粕固体肥料埋在花盆边缘。

●需要警惕的病虫害

对于啃食果实的害虫苹虎象，用套袋的方式防虫。在生长过程中还要采取防治蚜虫的措施。新枝及树干上发生的树皮癌变、发黑、掉落，是由梨小食心虫的幼虫导致的。在定植时要注意挑选没有病害的树苗。

Q&A

如何获得果实品质好的植株？

首先我们要知道，将好吃的果实里的种子种下是无法得到同样好吃的果实的。通常，品质好的果实都是用枝条作接穗嫁接出来的树苗结出的。如果采用腹接的形式，则一些粗枝上也可以做嫁接，这种方法可以促进枝条更新。

疏花穗

10月下旬，在六成左右的枝梢上都长出花穗后开始疏花穗

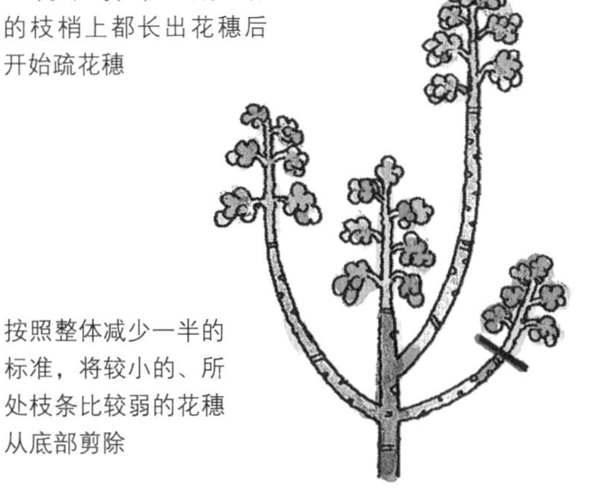

按照整体减少一半的标准，将较小的、所处枝条比较弱的花穗从底部剪除

疏蕾

对于大果品种(如‘田中’)来说，通常在底部的果实较大，所以仅留底部较强壮的花苞

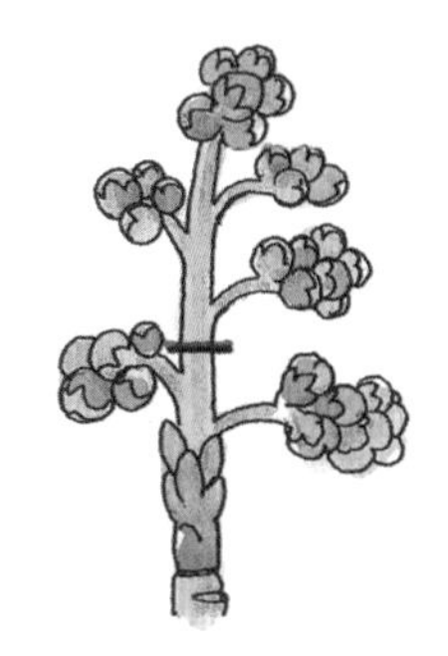

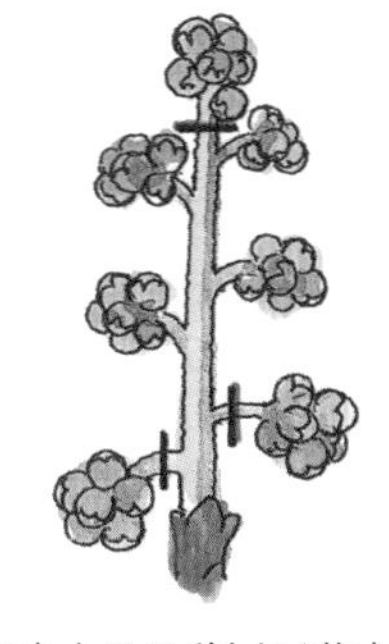

对于中小果品种(如‘茂木’)来说，保留中段位置的三四穗，剪除尖端和底部的花苞

疏果

在3月将‘茂木’等小果品种每穗疏至3～5个果实，‘田中’等大果品种则疏至每穗2个果实

套袋

对于大果品种来说，将整张报纸裁成1/16大小后做成纸袋，分别套在每个果实上

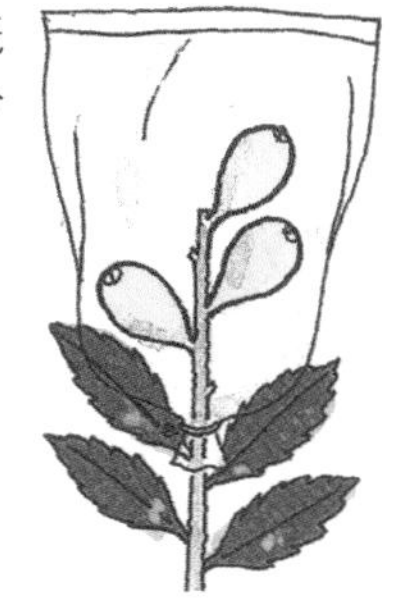

对于小果品种来说，将整张报纸裁成1/3大小，做成纸袋后套在整穗果实上

Q&A 果树过高遮挡阳光了怎么办?

枇杷属于即使不特别打理也可以正常结果的植物，但疏于打理会使其树型过大。这种情况下可以通过修剪造型使整体树型变小，但如果一下子剪除太多的话会造成植株长势减弱甚至枯死，所以最好是用几年时间逐步调整。

第一年的时候调整为1根主干、两三根主枝，整体1.5 m高的程度。第二年将枝条回剪至前一年修剪过的位置，把主枝剪短1/3长度。第三年将枝条向左右方向牵引，修整成半圆形效果。修剪较粗的枝条后一定要涂抹愈合剂以预防伤口腐坏。

菲油果

除了甜香怡人的果实外，花朵也可以食用

基本信息

- 桃金娘科，常绿大灌木，株高2～6 m
- 原产地：南美洲
- 适合定植时期：4月至5月上旬
- 单株结果性：有。最好混植至少2个品种
- 开花：6—7月
- 收获：11—12月
- 人工授粉：因品种而异

●特征与品种选择

菲油果虽然原产于亚热带地区，属于热带水果，但在冬季最低气温 0 ℃以上的地区可以庭院种植。主要的品种有，大果且可以自花授粉的‘库里奇’（‘Coolidge’）、‘阿波罗’（‘Apollo’），及需要人工授粉的‘胜利’（‘Triumph’）、‘猛犸象’（‘Mammoth’）等。对于无法同株授粉的品种，需要至少同时种植 2 个品种，或嫁接其他品种。

●树苗定植

选择不会被寒风直吹、日照充足的庭院位置，在树坑中掺入泥炭、腐叶土后定植。为了防寒和防霜冻，需要在根部覆盖堆肥等。

盆栽选用盆口直径约 20 cm 的花盆，用排水性较好的土壤定植。

●修剪与造型

庭院植株修剪成主干型造型。植株经常会从根部发出枝条，所以需要将侧枝拉开距离进行疏剪。花芽在新枝的枝梢发出，所以不要进行回剪，

庭院栽培时的植株造型方法

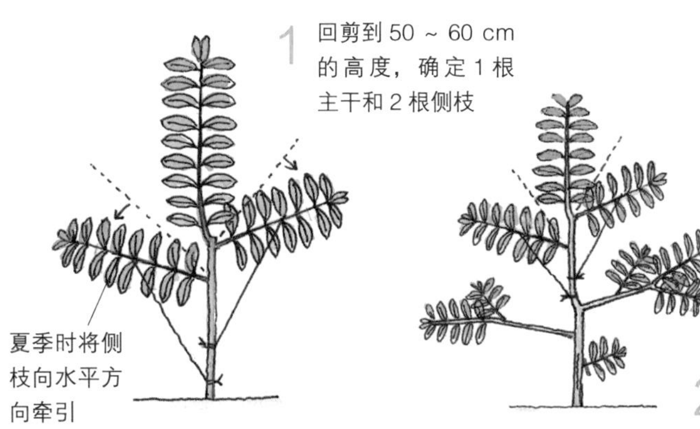

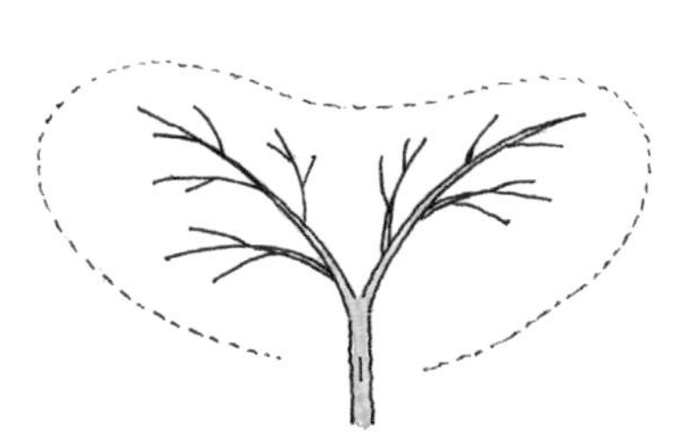

盆栽时的植株造型方法

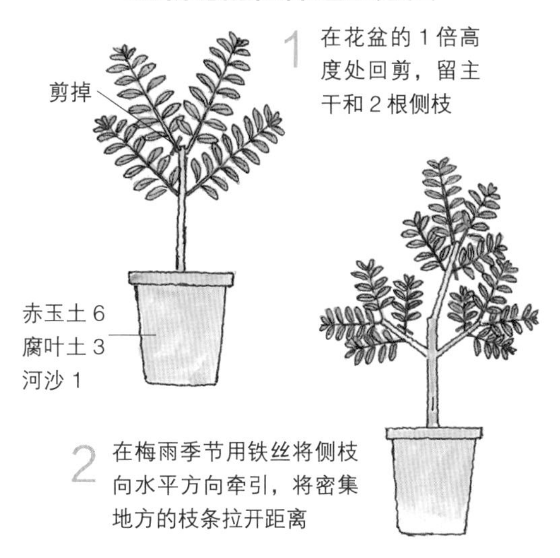

结果方式

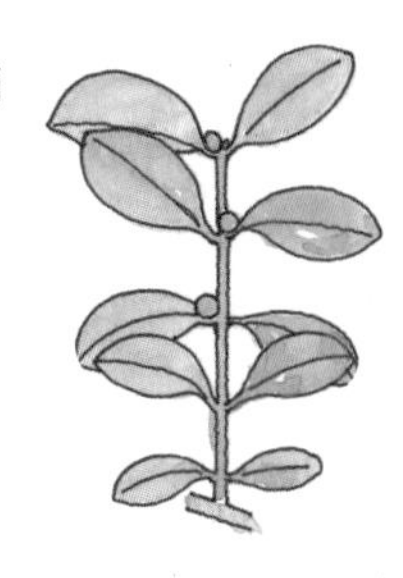

将较长的结果枝进行更新即可。

盆栽则可以使用铁丝及绳子牵引主干，修整成模样木风格的造型。枝条易断，需要逐步调整。

●提高果实品质

花期通常在雨季，所以需要采取遮雨措施。对于不能同株授粉的品种需要用其他品种的花进行人工授粉。如果果实已经长大，则要把同一枝条上枝梢的花苞剪除。

在自然落果时期将落下来的果实和还留在枝头的果实一起采收，封入塑料袋中，在室温下催熟 2 周即可食用。

●施肥方法

在 2 月将庭院植株周围挖开并埋入迟效肥料。盆栽则在春季和秋季将 3 ~ 5 粒迟效固体肥料埋入花盆边缘。

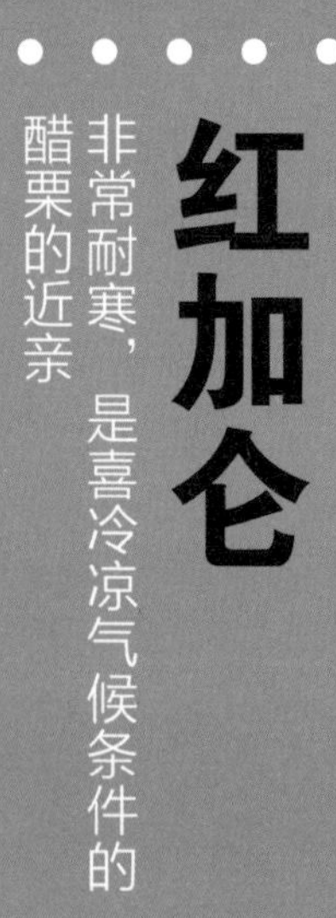

红加仑

非常耐寒，是喜冷凉气候条件的醋栗的近亲

基本信息

- 学名“红茶藨子”，虎耳草科，落叶灌木，株高1～1.5 m
- 原产地：欧洲、北美洲
- 适合定植时期：3月
- 单株结果性：有
- 开花：4—5月
- 收获：6—7月
- 人工授粉：不需要

●特征与品种选择

最常见的是结红色果实的品种，除此之外还有结出粉色果实和白色果实的品种。

●树苗定植

喜冷凉气候环境。庭院定植时选择通风良好且不会有严重西晒的位置，夏季可以选择遮掩在落叶树的树荫下或有一定散射光的地方。缺水干燥会影响结果效果，如果种植在太阳光直射的地方，夏季最好用防晒纱遮阳。也可以采用盆栽的方式种植。

●修剪与造型

适合于1—2月修剪。植株从根部发出很多枝条，呈灌木丛状，需要疏剪比较密集的地方以保证通风。将徒长的枝条和结果效果不好的老枝从底部剪除。

●提高果实品质

可以同株授粉，无须人工授粉。如果需要保证萌发花芽的枝条足够强壮，则需要在夏季时遮光，且通过疏剪控制枝条数量，保证养分利用的效率。

庭院栽培时的植株造型方法

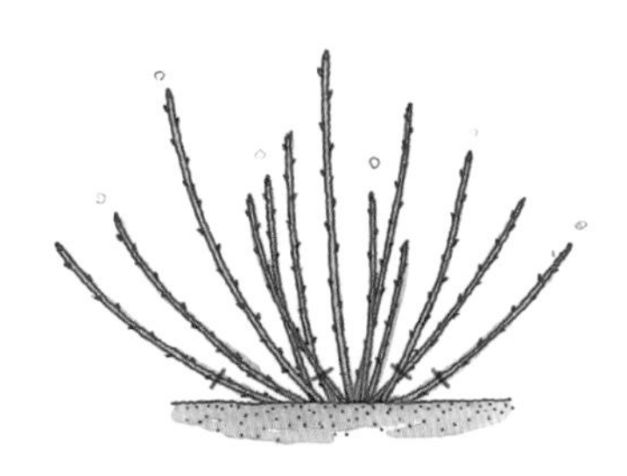

1 冬季疏剪，以改善根部的光照状况

2 将已经结过果实的枝条和不太生长的新枝从根部剪除，以促进更新更强壮的枝条

3 会结出很多果实，叶片也非常浓密，有种沉甸甸的感觉

盆栽时的植株造型方法

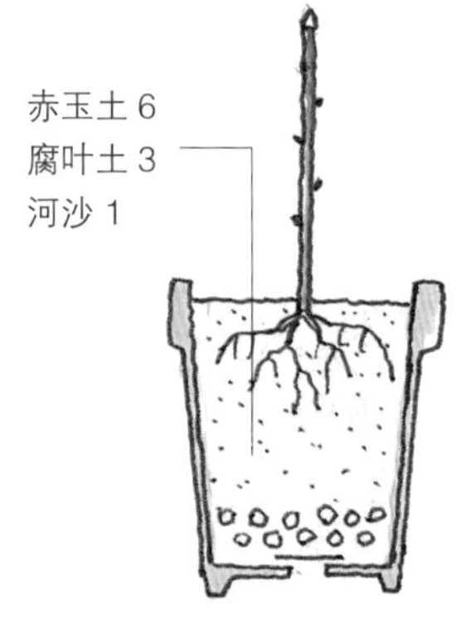

1 在 3 月定植，不需要回剪，静待萌出新芽

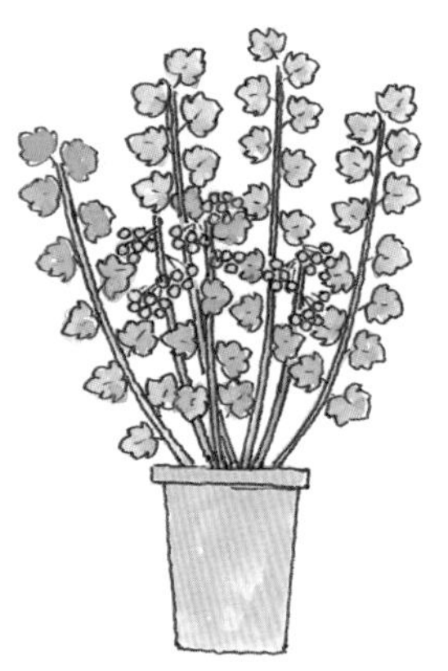

2 到夏季会长出新的枝条，采收后把已经结过果实的枝条从底部剪除

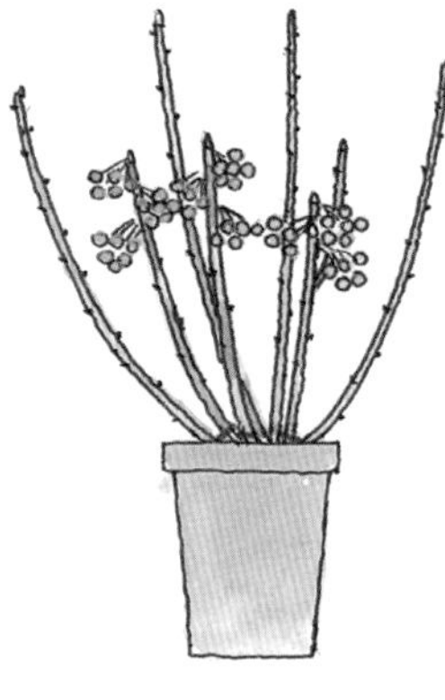

3 冬季疏剪以改善日照状况。剪除结果状态不好的枝条

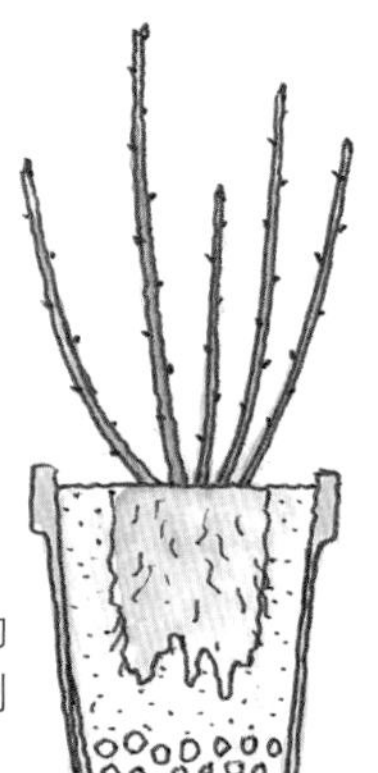

4 在 3 月将根系周围的土打散 1/3，定植到大一号的花盆中

盆栽则需要在结果较多的次年换盆。换盆时整理根系，剪除 1/3 左右。换盆后当年不要让植株结果，优先让植株休养生息，这样到第二年才可以收获到质量较好的果实。

在果实颜色变深后即可用手采摘下来。如果用于制作果干则可以稍早一些采收，如果是用于做果汁，则最好等完全熟透后再采收。

●施肥方法

在 3—4 月将肥料掺入土的表层。对于盆栽来说，在定植的 1 个月后施用迟效肥料，之后每年 3—4 月将小粒缓释肥料埋入花盆边缘。

●需要警惕的病虫害

在较温暖的地区易发白粉病及叶斑病，需要尽早喷洒相应药物。

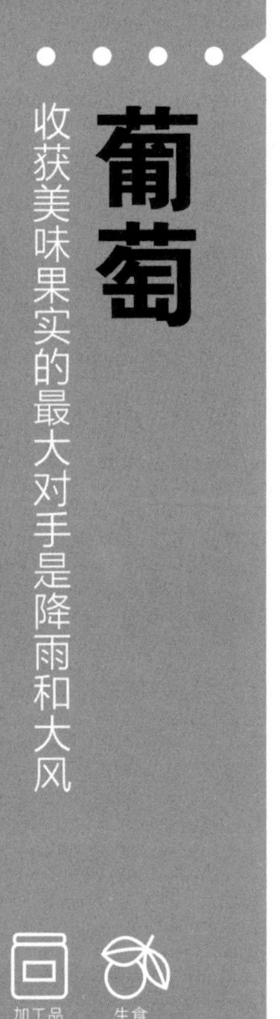

基本信息

- 葡萄科，落叶藤本植物，藤长7～8 m
- 原产地：欧洲、北美洲
- 适合定植时期：12月至翌年3月
- 单株结果性：有
- 开花：5月
- 收获：8—10月
- 人工授粉：不要

●特征与品种选择

如果是家庭种植，推荐耐雨性强的美国品系和其杂交品种，如‘巨峰’、‘司特本’（‘Steuben’）、‘坎贝尔’（‘Campbell’）等黑色品种，及‘玫瑰露’（‘Delaware’）、‘无纹’（‘Northrend’）等红色品种。白色品种则可以选择‘白罗莎里奥’（‘Rosario Bianco’）、‘翠峰’等。

从 12 月开始可以买到一年生的嫁接苗或扦插苗。不同的砧木会对耐寒性、收获量、果实的品质产生比较大的影响，建议选择价格相对高一些的嫁接苗。

●树苗定植

在夏季的生长期喜日照充足的位置，忌土壤湿气过重。如果排水性较好，则即使在较干燥贫瘠的地方也可以正常栽培。12 月下旬至翌年 2 月将植株栽种到事先用白云石灰中和过酸性的土壤中。注意尽量不要伤到树苗的细根，定植后留 2 个芽剪短，以促进形成主枝。

‘蓓蕾葡萄 A’（‘Muscat Bailey A’）

葡萄的花穗

‘新玫瑰’（‘Neo Muscat’）

‘巨峰’

●修剪与造型

剪除其他枝条，仅保留 1 根强壮的枝条，采用棚架攀爬、篱笆或支架支撑的方式。盆栽则可以在定植时搭起支架，第二年可以换成倒锥形支架，并将枝条牵引在上面。

●提高果实品质

对于葡萄来说，日照充足、叶片较多的话可以有效提升收获量。即使在叶片数量不变的情况下，还需要注意让长枝不要长得过长，应与短枝均衡搭配，并尽量不要让叶片重叠。

在开花的 2 周前，保留枝条中间的 2 穗，摘掉较小的花穗。

通常情况下不需要专门补水，但如果遇持续高温干燥的天气，则需要补水。盆栽需要每 2 年换一次盆，换盆时将较老的根系疏理后栽入大一号的花盆中。

●施肥方法

在生长期之前的 1 ~ 2 个月使用迟效肥料。

庭院栽培时的棚架效果

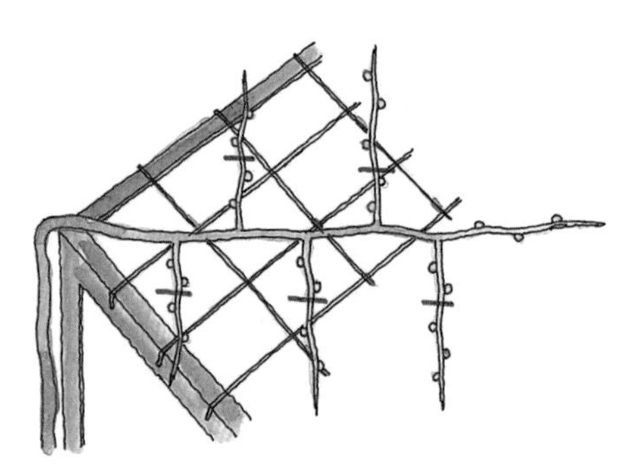

1 将每个侧枝留2个芽，剪短作为结果母枝（可以结果的枝条）。主枝在尖端轻度修剪

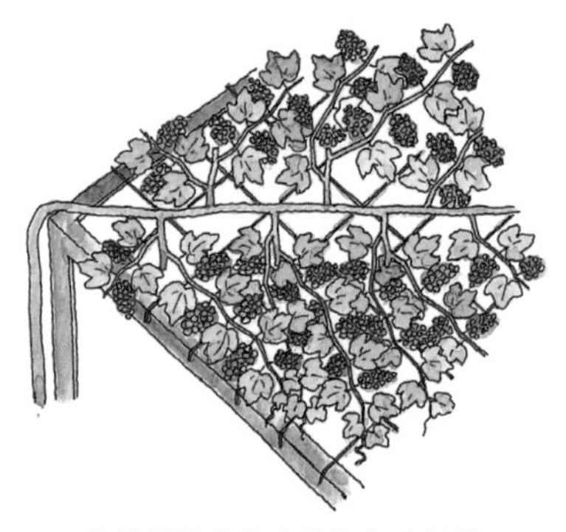

2 从保留的芽发出的枝条上结果（这种枝条称为“结果枝”）。采收后将结果枝留2个芽回剪

盆栽时的倒锥形支架效果

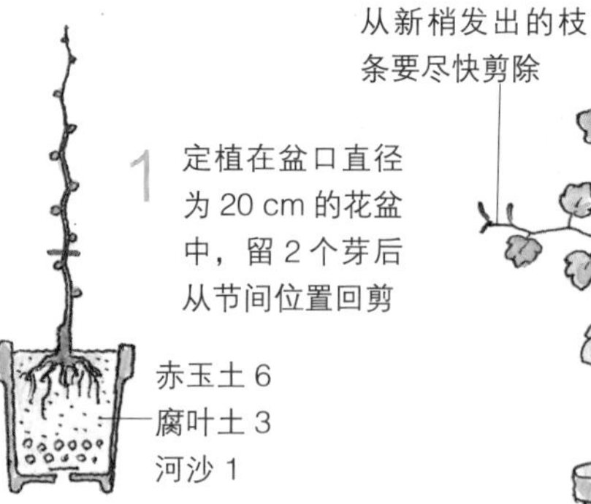

1 定植在盆口直径为 20 cm 的花盆中，留 2 个芽后从节间位置回剪

2 立起约 2 m 高的支架，让强壮的枝条作为主枝向上生长

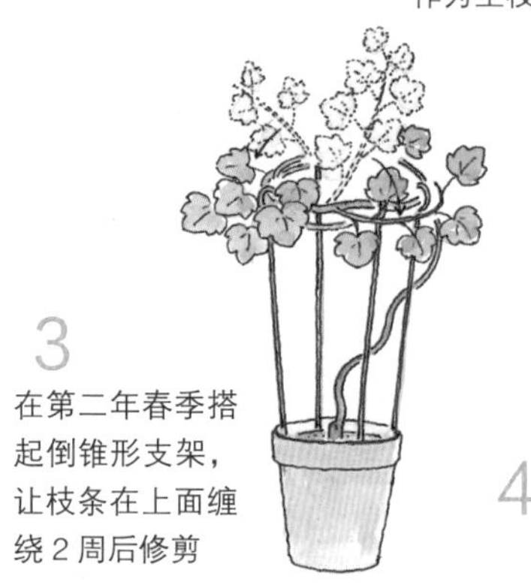

3 在第二年春季搭起倒锥形支架，让枝条在上面缠绕 2 周后修剪

4 硕果累累的盆栽葡萄。换盆后的第二年不要让植株结出果实

●需要警惕的病虫害

对于葡萄来说，除蚜虫外，湿气过重也易发病害，所以需要选择光照充足且通风良好的地点种植。如发现金龟子类的害虫，需要马上剪除枝条。可以在果实上套袋防虫。

Q&A 如何进行扦插繁殖?

常见的方法是使用抗病性较强的砧木嫁接后种植。如果没有病害的话也可以从植株上截取插穗，用新的盆土种植。

Q&A 如何种植‘新玫瑰’?

对于类似‘新玫瑰’这样的欧洲品系，建议选择比较耐湿的品种种植，或采用盆栽方式避开雨水和湿气，摆放在房檐下过冬，养护得当可以正常采收果实。

花芽处理

在开花 2 周前，保留枝条中段位置的 2 穗花后摘除其他花穗

树苗的造型方法

1 第四年小苗的修剪方法。由于向上方生长的枝条会抢夺主枝生长的养分，所以需要从底部剪除

2 整理枝条，使其以与主枝垂直的方向从主枝均衡地向左右两边伸展

3 修剪枝条时要从节与节的中间部位剪断，以避免枝条枯萎

4 保留的枝条留 2 节回剪。主枝则留 10 ~ 12 节，选节间较短的位置回剪。完成修剪

Q&A 为什么会出现花开了，但在结果前就掉落的现象？

这种现象称为“掉穗”，通常是指在开花后 2 周左右花穗基本掉落，造成结果少或无法结果的现象，通常是因为枝条的长势过盛而导致花的养分不足。为了抑制枝条吸收养分，需要减少氮肥的施加。不要重度修剪枝条，如果枝条徒长则在开花前摘心以暂停枝条的生长。

黑莓

果实变黑后即可采收。可立即食用，也可以冷冻起来慢慢享用

基本信息

- 蔷薇科，落叶灌木，藤长2 m
- 原产地：欧洲、美洲等
- 适合定植时期：2—3月
- 单株结果性：有
- 开花：4—5月
- 收获：6—7月
- 人工授粉：不需要

●特征与品种选择

包括匍匐枝条品种‘无刺莓’（‘Thornless’），直立型品种‘梅尔顿特伦德斯’、‘首席’（‘Bio Chief’）等，这些品种的果实都是黑色的。

●树苗定植

土壤只要不过干或过湿即可，对土质没有特殊要求，即使土壤贫瘠也可以正常培育，通常选择排水性较好的位置栽种。

如果采用盆栽方式，则选择盆口直径约 30 cm 的花盆，用排水性较好的土壤栽种。

●修剪与造型

对于直立型品种来说，可以采用倒锥形支架牵引，避免枝条过于分散。如果是匍匐型，则可以牵引在网格等支架上。

已经结过果实的枝条会变得较弱，所以要在每年冬季更新枝条。枝条过多会影响结果效果。如果是栽种在庭院中，只须保留三四根枝条；如果是盆栽，则要控制在两三根枝条。植株长势旺盛，如果回剪的话反倒会使枝条更加密集，所以在疏剪时一定要从枝条的底部剪除。

庭院栽培时牵引在栅格上

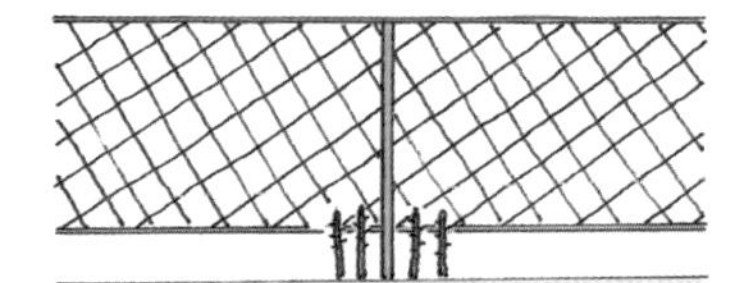

1 将树苗种在栅格的中央位置，回剪至 20 ~ 30 cm

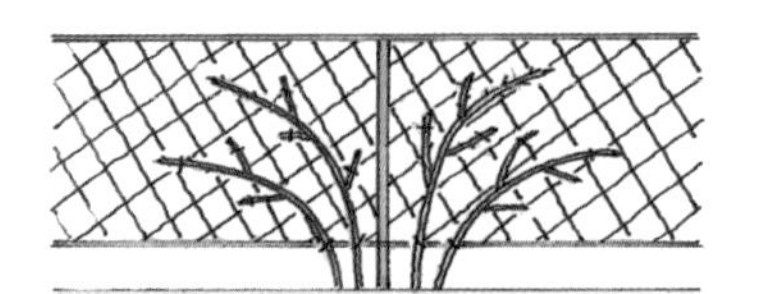

2 将主枝均衡地向两侧牵引，剪除第一年的根蘖

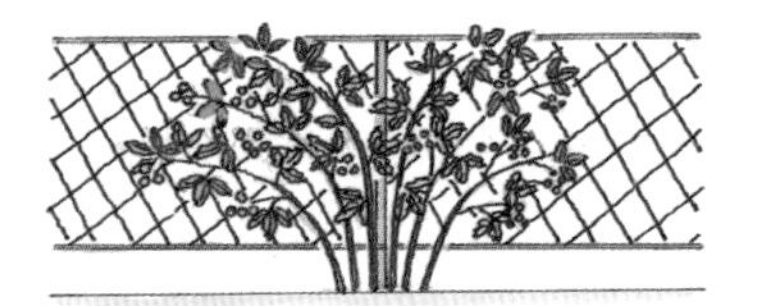

3 植株长到 2 m 左右高时摘心以促进侧枝生长

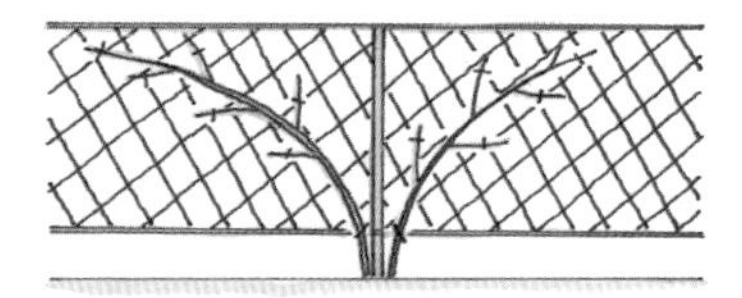

4 剪除老枝以促进新枝生长，实现植株更新

压条

1 在 9—10 月将新枝呈弯曲状态埋入土中，用“U”字形压脚固定

2 过 1 个月左右，待生根后挖出并在花盆中养护

结果方式

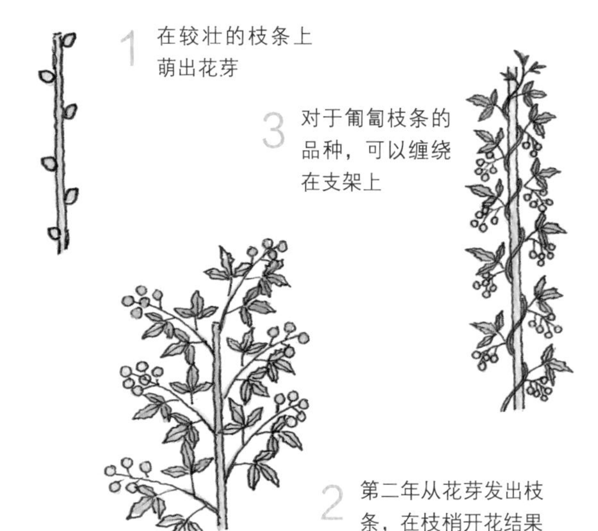

1 在较壮的枝条上萌出花芽

2 第二年从花芽发出枝条，在枝梢开花结果

3 对于匍匐枝条的品种，可以缠绕在支架上

●提高果实品质

盆栽浇水要见干见湿，即干透后浇足水。通常是第二年的枝条结果效果较好，故对于盆栽的植株来说，需要每 5 ~ 6 年进行一次枝条更新。为了避免发生病虫害，应在连续降雨时把花盆移至淋不到雨的地方养护。

●施肥方法

在 1—2 月施缓释肥料并掺入表层土壤中。

盆栽在定植 1 个月后、每年春季和初秋将三四小粒油粕固体肥料埋入花盆中。

●需要警惕的病虫害

如果处于高温多湿的状态则易发灰霉病等病害，如果在植株周围发现木屑则说明有淡缘蝠蛾的幼虫入侵，需要找到有虫洞的枝条并剪除。

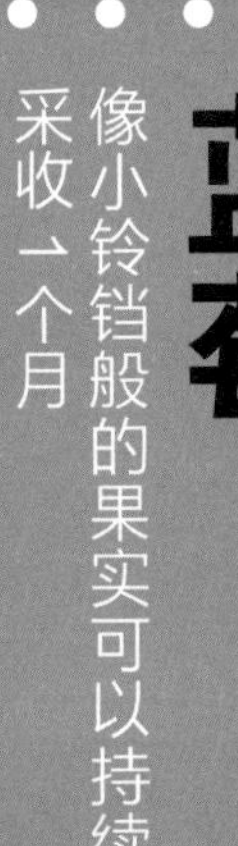

蓝莓

像小铃铛般的果实可以持续采收1个月

基本信息

- 学名“笃斯越橘”，杜鹃花科，半落叶灌木，株高1.5～2.5 m
- 原产地：美洲
- 适合定植时期：12月至翌年3月
- 单株结果性：因品种而异
- 开花：4—5月
- 收获：6—9月
- 人工授粉：需要

●特征与品种选择

主要有耐寒性强的高丛类和耐暑热的兔眼类。高丛类包括‘维口’（‘Weymouth’）、‘蓝丰’（‘Bluecrop’）等品种，兔眼类的‘梯芙蓝’（‘Tifblue’）、‘乡铃’（‘Homebell’）等，植株长势旺盛且生长迅速，可以在温暖地区种植。另外还有两类之间的杂交品种。如果购买二年生或三年生的苗木，则买来当年就可以结果采收了。

●树苗定植

喜强酸性土壤，可以在庭院栽种的地方混合一桶泥炭，以提高土壤酸度。萌芽前的2—3月为适合定植的时期，初秋到晚秋期间也可以栽种。植株的根较细，扎根较浅，会横向扩展。为了避免缺水，夏季使用泥炭等为根部添加覆盖层。

如果采用盆栽，则在2—3月将其定植在大型的花槽或盆口直径约25 cm的花盆中。选用兼备排水性和保水性的土壤，并加入较多的泥炭。

‘梯芙蓝’

‘蓝金’

‘节日’

‘乌达德’（‘Woodard’）

‘奥尼尔’（‘O' Neal’）

●修剪与造型

植株自然呈丛状，高丛类控制在 2 m 左右，定植后应剪除花芽以促进植株生长。

在第三年的 1—2 月疏剪较密集处的较弱枝条和向内生长的枝条。确定三四根主枝，将主枝以外的根蘖从底部剪除。无论植株长短，花芽会在枝梢发出，所以不要修剪之前的枝条和新枝的枝梢。

●提高果实品质

将几个品种混植，并用毛笔尖在花蕊里转一转，有助于提高授粉效果。特别是对于兔眼类来说，无法同株授粉，必须要进行人工授粉。对于花芽过于集中的位置，需要修剪多的芽以保证果实的质量。

盆栽在夏季干燥期需要早晚各浇水 1 次。如果低于 7 ℃的时间不足 800 小时，则无法形成花

在庭院中定植

1 根系扎入土壤较浅，挖深 30 ~ 40 cm、直径不小于 50 cm 的苗坑

2 在挖出的土中掺入三成泥炭拌匀，打散大的土块、去除垃圾

3 将混合了泥炭的土用水打湿，再从营养钵中脱出树苗，在根坨上裹上些打湿的土

4 把苗放入苗坑的中间位置，再把剩余的土埋回苗坑，固定住树苗

5 将周围踩实，充分浇水

芽，所以冬季要在室外越冬。

●施肥方法

在 1—2 月施用氮、磷、钾的比例为 10-20-10 的缓释肥料，掺入少量吸足水的泥炭。

盆栽需要在定植 1 个月后埋入小粒缓释肥料，每年春季和收获后用同样方法施肥。

●推荐食用方法

在果实变为蓝紫色后，经 5 ~ 7 日即可完全成熟。高丛类通常在 6—8 月采收，兔眼类在 7—9 月。

6 立起支架，用麻绳等将枝条固定在支架上，但不要绑得过紧

7 把纸箱板开口盖在根部，以防止土壤过干

8 从根部发出很多枝条，留 3 ~ 4 根较强壮的，其他的从根部剪除

结果方式

1 春季时在枝梢发出多个芽，这些芽在夏季时形成花芽

2 在第二年 4—5 月开花结果

3 采收后剪除已经结过果实的枝条，这里会萌出新的花芽

4 到第三年时，枝条下方的短枝先开花，结果后新枝尖端萌出的花芽也会开花、结果

Q&A 如何能繁殖出更多植株？

将冬季修剪时剪掉的枝条直接放入塑料袋密封后放入冰箱保存，到 3 月下旬可作为插穗使用。这时要注意不要用花芽而是要用带叶芽制作插穗。还可以在 6—7 月使用比较强壮的新枝的中段部分进行绿枝扦插。

将插穗截为每根 10 cm 左右长度，留 2 个叶片，并将插穗下面的截面处理成斜切口以露出形成层，插入鹿沼土等扦插介质中。深插至 2 个叶片的底部，用塑料袋等密封，保持湿润，养护 2 个月左右即可生根，生根后剪除塑料袋，养护至第二年可以定植的时期。

西梅

原产于欧洲的李子的近缘植物

基本信息

- 学名“欧洲李”，蔷薇科，落叶小乔木，株高2～2.5 m
- 原产地：高加索地区
- 适合定植时期：3月
- 单株结果性：有
- 开花：4月
- 收获：7—8月
- 人工授粉：因品种而异

●特征与品种选择

在日本常见的栽培品种有，大小为中果（单果重 30 ～ 50 g）的具备单株结果性的‘砂糖’（‘Sugar’）、‘斯泰勒’（‘Stanley’）、‘阳光’（‘Sunprune’）等，这些品种只须种一株就可以顺利结果。而果实偏大、单果重超过 80 g 的‘紫瞳’（‘Purple Eye’）、‘大总统’（‘President’）等，则需要至少 2 个品种混植。

●树苗定植

在落叶期，除严冬时节外都可以定植营养钵苗。选择日照和土壤排水性均良好的位置栽种，按照土壤保持稍偏干管理。

即使采用盆栽方式，种植 3 ～ 5 年后也可以收获。要注意在发生根系盘结之前使用新土换盆。

●修剪与造型

在庭院栽种时，可以采用主干型或杯状造型，盆栽则可以采用模样木风格造型。需要修剪枝条，保证阳光照射到植株内部。

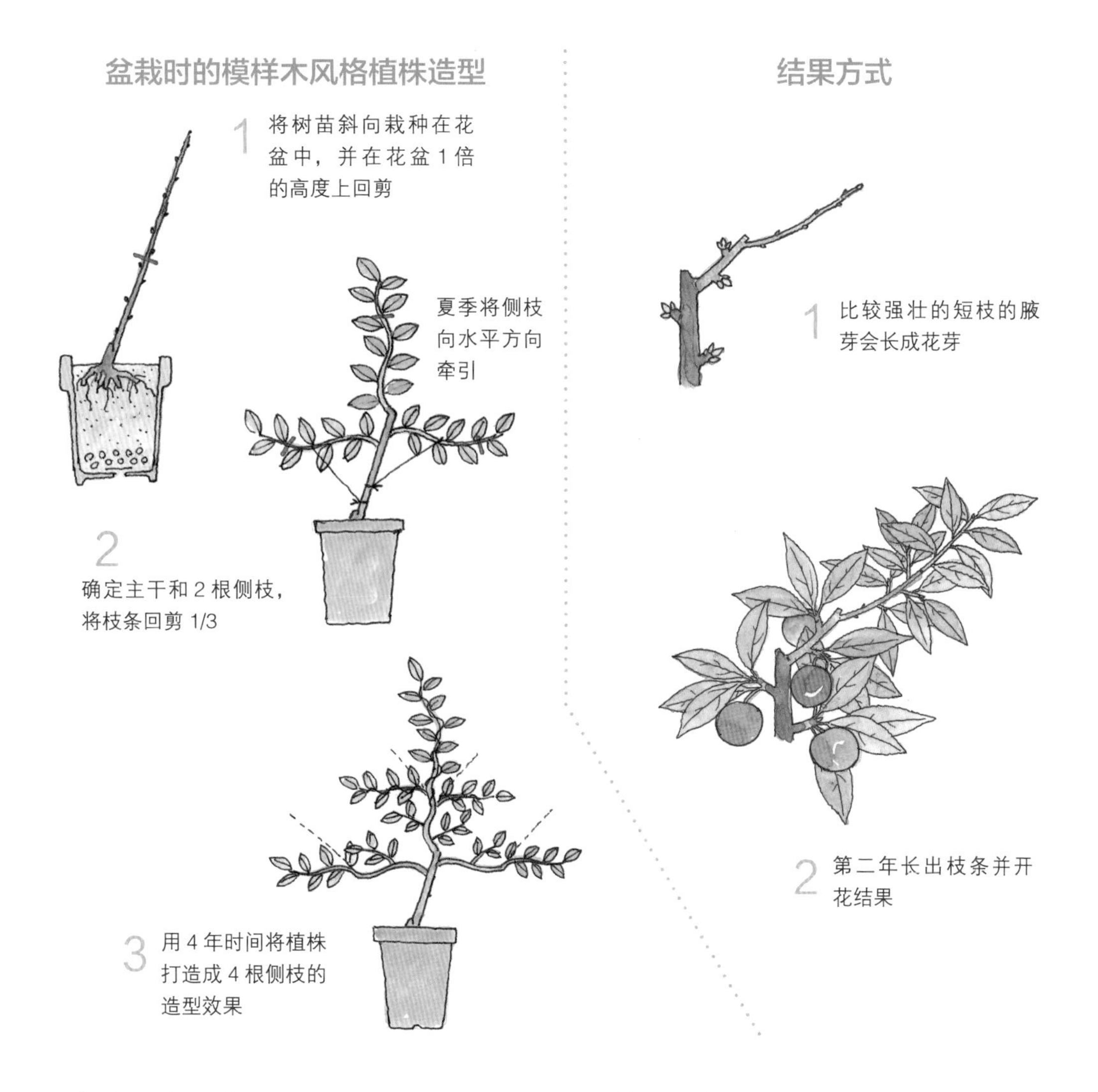

●提高果实品质

强壮的较短新枝的枝腋处萌出花芽，第二年这里的芽生长并开花结果。1个花芽可以开出1～2朵花并结出果实。虽然有一些品种是可以单株结果的，但如果进行人工授粉，可以有效提高成功率。容易发生生理落果，通常在生理落果告一段落后的6月进行疏果，参考标准为每15～20片叶子对应1个果实。

●施肥方法

使用迟效有机肥料作为冬肥施用。盆栽则在秋季和春季施用油粕固体肥料。

●需要警惕的病虫害

果实上出现灰白色霉点的褐腐病可以使用特富灵进行防治。

●推荐食用方法

推荐直接生食，也可以用于制作果酱、沙拉、糕点等。

博伊森莓

基本信息

- 蔷薇科，落叶灌木，株高0.7～1 m
- 杂交品种
- 适合定植时期：2—3月
- 单株结果性：有
- 开花：4—5月
- 收获：6—7月
- 人工授粉：不需要

●特征与品种选择

与黑莓有亲缘关系，是由匍匐型的露莓与由树莓和黑莓杂交而成的罗甘莓再次杂交而成的小浆果品种。只要土壤不会过干或过湿，即使贫瘠也可以正常生长。

●树苗定植

2—3 月，选择排水性好的位置定植。如果采用盆栽方式，则选用盆口直径约 25 cm 的花盆，使用充分混合底肥的排水性好的土壤栽种。

●修剪与造型

植株为匍匐型，可以牵引至栅格或篱笆上培育。如果采用盆栽方式，则可以搭起倒锥形支架牵引养护。植株生长旺盛，如果栽种在庭院中则几年后会扩展得很大。需要修剪的作业不多，只要疏剪比较密集的地方即可。

●提高果实品质

把枝条牵引在支柱或支架上养护。在比较强壮的枝条上会发出花芽，第二年会在从这里长出的枝条上开花结果，所以在修剪时不能过度剪短

盆栽时的植株造型方法

1 定植在盆口直径约 25 cm 的花盆中，搭起支架将枝条牵引上去

2 当枝条长到与支架同高的程度，可以再重新搭一个倒锥形支架，把枝条盘旋牵引在支架上

3 修剪枝梢，反复摘心以促发侧枝

结果方式

在较强壮的枝条上萌发花芽，第二年在新长出的枝条上结果。果实较黑莓大一些

修剪

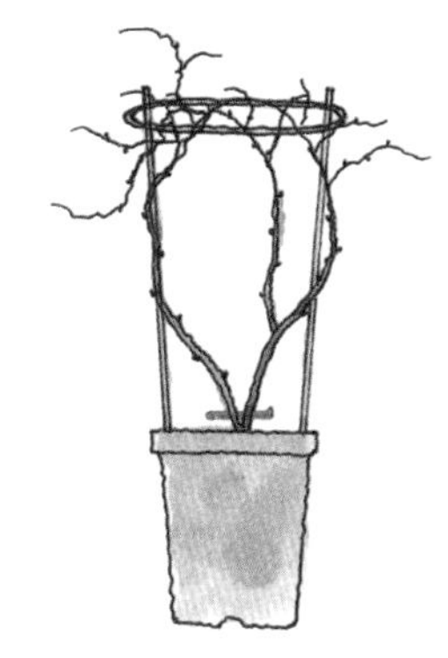

1 如果植株结果状况不好，则可以在落叶期从底部剪除枝条

2 第二年会萌出新芽，并长出新的枝条结果

这样的枝条。

如果是盆栽，在土表发干时就要充足浇水。

●施肥方法

在 1—2 月施用迟效有机肥料，追肥时将缓释肥料掺在土的表层。如果是盆栽，则在定植 1 个月后、春季和秋季时施用油粕固体肥料。

●需要警惕的病虫害

在高温多湿的状态下易发褐腐病。如果发现介壳虫，可以用牙刷等刷掉。

●推荐食用方法

在欧美，这种果实是餐桌上的常备品，除直接生食外，还可以加工成果酱、果汁，以及点缀蛋糕和派等。

皱皮木瓜

赏花之后可以将果实制成果酱或果酒

加工品

果酒

基本信息

- 蔷薇科，落叶灌木，株高1～2 m
- 原产地：中国
- 适合定植时期：9—10月
- 单株结果性：有
- 开花：3—4月
- 收获：8—10月
- 人工授粉：不需要

●特征与品种选择

原产于中国，在日本平安时代传入日本，后发展出很多品种，包括可用于盆栽的。盆栽可以采用模样木风格或丛状造型。在 10 月结出梨形的果实，果色变黄时会散发出怡人的香气，此时即可采收用于制作果酒或果酱。

●树苗定植

在 9—10 月选择日照充足和排水性好的位置定植。

●修剪与造型

如果枝条过密则会影响通风和日照效果，所以需要在 10—11 月将不必要的枝条和长得过长的枝条剪掉。枝条上有刺，处理时要注意避免扎伤。

●提高果实品质

虽然具备单株结果性，种植一株也可以正常授粉，但最好是在较近的地方种植不同品种的植株。

巴婆果

类似木通或柿子

生食

基本信息

- 番荔枝科，落叶乔木，株高6～10 m
- 原产地：北美
- 适合定植时期：3月
- 单株结果性：有。最好混植不同品种
- 开花：4—5月
- 收获：10月
- 人工授粉：需要

●特征与品种选择

果肉呈奶油状，非常甜软，也被称为“森林冰激凌”。早生的品种有‘威尔逊’（‘Wilson’）、‘塔托’（‘Taytwo’），大果的品种有‘韦尔斯’（‘Wells’）等。

●树苗定植

属于耐寒性高的温带果树，所以在冬季最低气温 0 ℃以上的地区都可以庭院种植。植株会长得比较高大，需要选择日照充足且排水性良好的位置种植。最好同时种植至少 2 种开花期相近的品种。

●修剪与造型

花芽通常从枝条的中部到梢部萌出，所以不要剪短枝条，通过整根剪除枝条完成自然树形的造型效果。

●提高果实品质

可以收集花粉，在后期开花的雌花上人工授粉。整体疏果的标准为每10片叶子对应1个果实。在果实成熟开始落果的时期采收。

蕉柑

耐寒性差，在大部分地区都只能盆栽越冬

加工品 生食 果酒

基本信息

- 芸香科，常绿乔木，株高1～3 m
- 原产地：印度
- 适合定植时期：3—4月
- 单株结果性：有
- 开花：4—5月
- 收获：12月至翌年3月
- 人工授粉：不需要

●特征与品种选择

蕉柑是广为人知的日本鹿儿岛地区特产。主要品种有早生且可以在年内成熟的‘太田’‘森田’，还有在 1 月下旬收获的‘今津’等。果皮柔软易剥，果实非常适合直接生食，也可以制作果汁。

●树苗定植

在冬季最低气温 10 ℃以上的地区可以庭院栽培，其他地区只适合盆栽。在 3—4 月将其定植在盆口直径为 25 cm 的花盆中。

●修剪与造型

植株不做特别的修剪也不会长得过大，所以只疏剪过于紧密的位置即可。

●提高果实品质

选在日照好且温暖的位置种植，在霜降时节前移入室内明亮的地方养护。最好在果实充分着色后再采收，但如果在较冷的地区，需要选择早生品种种植或尽早采收保存。

木天蓼

深受猫的喜爱，有出色的药效

基本信息

- 学名“葛枣猕猴桃”，猕猴桃科，落叶藤本植物，藤长5～10 m
- 原产地：朝鲜半岛，中国、日本
- 适合定植时期：2—3月
- 单株结果性：有
- 开花：6—7月
- 收获：8—9月
- 人工授粉：不需要

●特征与品种选择

藤本落叶植物，因深得猫心而广为人知，其叶、枝、果实都会令猫陶醉。果实自古以来作为对健康有益的药材而被熟知，可以焯水晾干后煎服或做成木天蓼酒饮用。

●树苗定植

植株非常耐寒，在遮阴处也能正常生长。喜偏湿的土壤，如果采用盆栽方式则要注意避免干燥缺水。植株较小时要注意避免被猫破坏。

●修剪与造型

冬季将枝梢剪短。

●提高果实品质

在 6—7 月开出类似梅花的白色花。基本为雌雄异花，但有的时候也会开出雌雄同花的花。如果在结果期过于干燥缺水则会影响果实品质，所以要在 8—10 月充分给水。基本不需要施肥。

桑

易养护，结果率高。其果实可用来制作果酒，有助于改善血压低的状况

基本信息

- 桑科，落叶乔木，株高5～10 m
- 原产地：东亚，美洲、非洲
- 适合定植时期：3月
- 单株结果性：有
- 开花：4月
- 收获：6月
- 人工授粉：不需要

●特征与品种选择

桑树非常易培育，盆栽也可以结出很多果实来，重要的是可以结出较大的果实。果实名“桑葚”，富含花青素、锌等矿物质，是赏心悦目的健康食品。

●树苗定植

在 3 月选日照充足的位置定植，其耐热性、耐寒性都非常强。

●修剪与造型

在 7—8 月萌发花芽，第二年开花结果。如果花芽过多，则在冬季将部分枝条回剪至 50 ～ 60 cm。隔年更新结果枝。

●提高果实品质

如果发现一处结果太多，则将每处疏果至保留两三个果的程度。果实从红变紫再变黑时即可采收食用了。

榅桲

原产于伊朗、中国，与梨有亲缘关系。果实可以用于制作果酒等

加工品

果酒

药效

基本信息

- 蔷薇科，落叶大灌木、小乔木，株高3~8 m
- 原产地：伊朗、中国
- 适合定植时期：12月至翌年2月
- 单株结果性：没有
- 开花：4—5月
- 收获：10—11月
- 人工授粉：需要

●特征与品种选择

除了有果实偏小的原种，还有果实较大、适于加工的‘士麦那’(‘Smyrna’)、‘冠军’(‘Champion’)等品种。果实虽然不适合直接生食，但可以用糖浆腌渍或制作果酒。

●树苗定植

在12月至翌年2月的落叶期，选择日照充足、排水性好的地方定植。

●修剪与造型

枝条会越长越舒展，可以通过修剪保持造型紧凑。在庭院中栽培的话，可以通过牵引成“U”字形防止枝条过于舒展。在春季将前一年伸展的枝条回剪至1/2的程度，用3年左右的时间确立主干。

●提高果实品质

在新枝的枝梢萌发花芽，虽然修剪枝条可以促发更多的短枝，但如果回剪得过多则无法萌发花芽。无法实现同株授粉，需要栽种不同的品种相互授粉。

芒果

口味醇厚，被誉为世界三大美果之一

加工品　生食　果酒

基本信息

- 学名“杧果”，漆树科，常绿乔木，株高20～30 m
- 原产地：马来半岛，印度东北部
- 适合定植时期：4—5月
- 单株结果性：因品种而异
- 开花：3—5月
- 收获：9—10月
- 人工授粉：不需要

●特征与品种选择

虽然果皮颜色有绿色、黄色、红色等，但果肉都为黄色或橙黄色，果肉多汁，口感浓郁。果肉偏红的‘爱文’（‘Irwin’）颇受欢迎。植株会开出双性花和雄花。通常市面上出售的树苗为嫁接苗，而实生苗通常培育5～6年也可以收获果实。

●树苗定植

喜高温多湿，在24～30 ℃的环境温度下长势最好，在大部分寒冷地区都只能采用盆栽形式种植。喜排水性良好的酸性土。由于植株扎根较深，所以需要准备比较深的花盆种植。

●修剪与造型

盆栽处理成有两三根主枝的主干型造型。野生的情况下株高可达30 m，所以盆栽时要通过修剪控制株高，定期回剪长出的枝条。

●提高果实品质

在春季到秋季的生长期，放在室外日照充足的地方养护，盆土表面发干时即需要充分浇水。花芽分化的基本条件为，环境温度低于20 ℃且

庭院栽培时的主干型植株造型

1 购买二年生或三年生的嫁接苗，尽量挑选树干较粗的苗

2 4—5 月定植，在苗的周围堆土

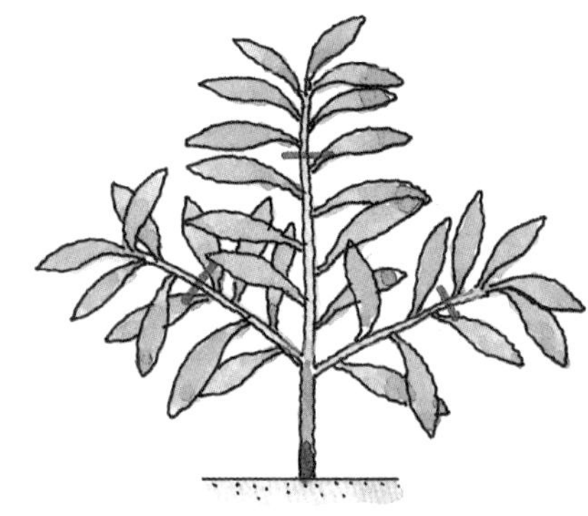

3 第一年不用做特别的处理，第二年的春季到初夏剪除徒长枝和多余的枝条

4 造型长成后定期进行疏剪，将株高控制在 2 ~ 3 m

果实的处理

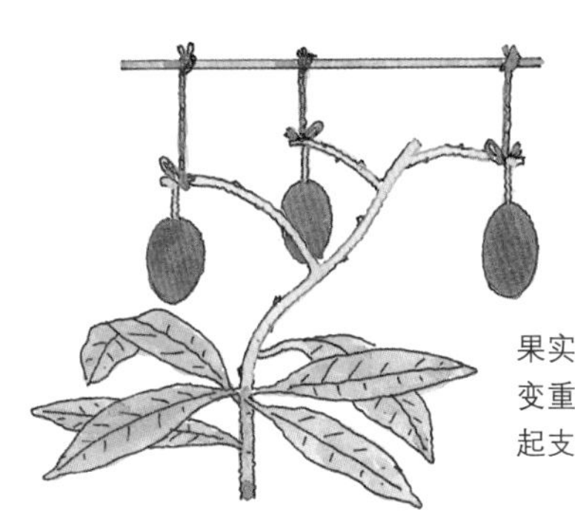

用绳子吊在支架上

果实在 6 月会迅速变大变重，最好在这之前搭起支撑果实的支架

干燥 3 个月以上的时间，所以应在秋季到冬季尽量减少浇水。

授粉需要借助昆虫帮忙，如果养护环境中没有昆虫，则需要通过人工授粉确保效果。果实长到直径 2 ~ 3 cm 时，按照每盆留两三个果实的标准疏果。由于果实会比较重，所以需要用绳子吊起来，在 9—10 月采收。

●施肥方法

如果施肥过量则可能导致仅生长枝叶而不开花，所以应仅在开花前和采收后追肥，方法为将 5 ~ 7 粒油粕固体肥料施用在花盆边缘。

●推荐食用方法

如果要直接生食，可以在果肉上划横竖刀，再将果皮翻起推出果肉。也适合制作果汁和沙拉等。

日本蜜柑

包括众多品种，是日本的代表性果树

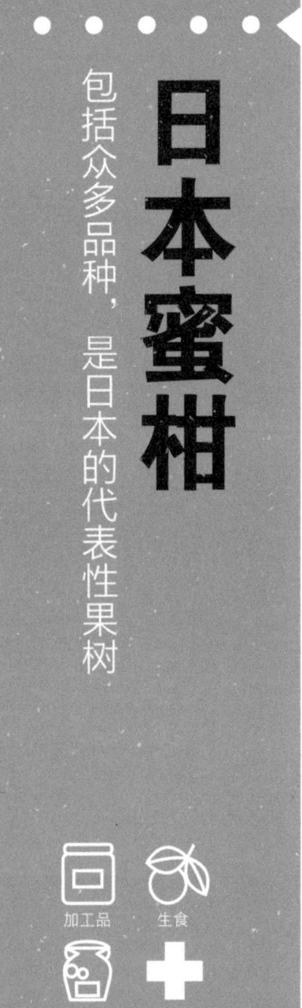

基本信息

- 芸香科，常绿灌木，株高1～4 m
- 原产地：日本
- 适合定植时期：4—5月
- 单株结果性：有
- 开花：5月
- 收获：10—12月
- 人工授粉：不需要

●特征与品种选择

日本位于柑橘类产地的最北端，最广泛栽种的是早生且耐寒的日本蜜柑。适合的生长温度为 15 ～ 18 ℃，对于气温不会低于 -5 ℃的地区都可以在庭院中栽种。选择 10 月采收的早生品种的话比较容易养护。

●树苗定植

市面上可见以枳树作为砧木的嫁接树苗。4—5 月在庭院定植，注意栽种时不要把土埋在嫁接接口上。将植株栽种在光照充足、土壤兼具排水性和保水性且通风良好的位置有助于养护。喜稍偏酸性的土壤。

如果采用盆栽方式，则选择盆口直径约 25 cm 的花盆，在半遮阴或日照更佳充足的位置养护。冬季移入室内，在日照充足的窗边养护。由于植株扎根较浅，所以在盆土表面发干时需要马上浇水。植株培育为可以采收的成株后，每隔 1 年在 3 月下旬至 4 月中旬换盆。

●修剪与造型

处理成较低的主干型造型。在完全成型前需

结果方式

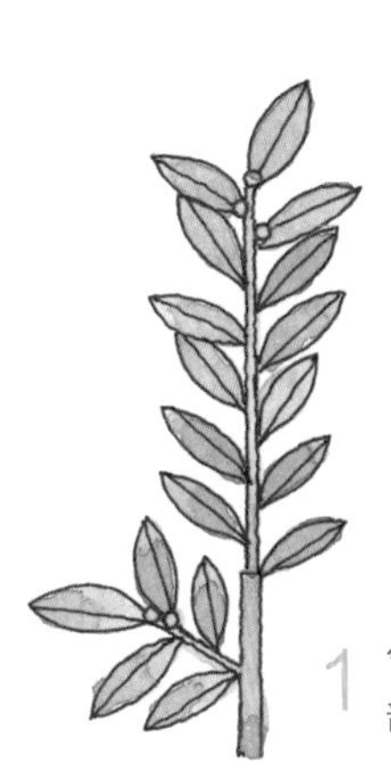

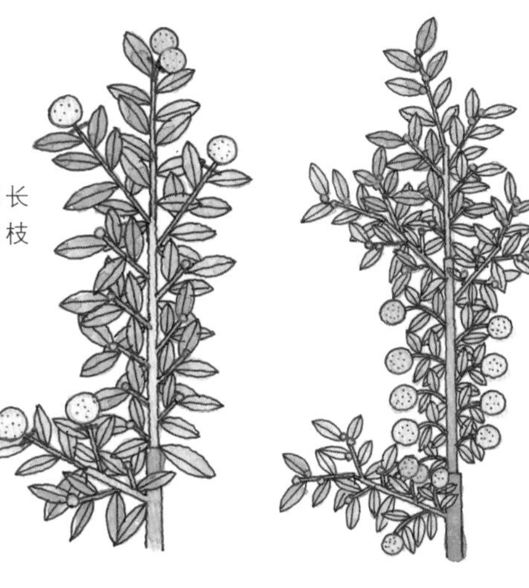

疏果与采收

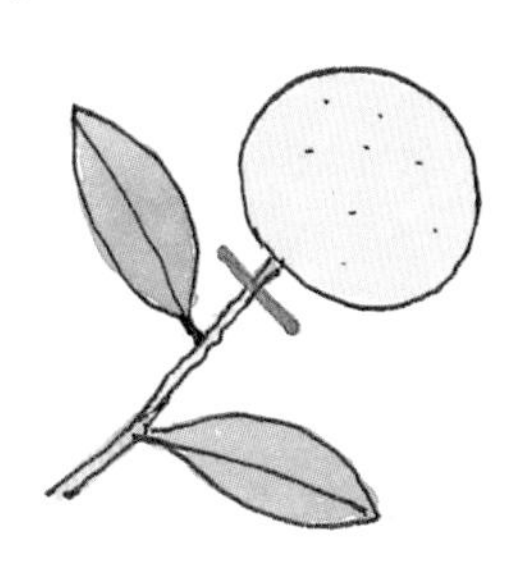

盆栽日本蜜柑

要通过剪短枝梢促进生长。

盆栽则要将植株高度控制在花盆的 3 倍高度，处理成侧枝较大的模样木风格造型。

●提高果实品质

开花非常多，经常发生自然落蕾、自然落花、生理落果现象。但即使如此依然会留下很多果实，如果植株消耗过大，则会造成第二年结果量骤减的隔年结果现象，所以需要适当限制结果的数量。早生品种按照每 40 ~ 50 片叶子 1 个果实、普通品种按照每 20 ~ 25 片叶子 1 个果实的标准疏果。

盆栽基本只会在春季长出枝条，不会在夏季和秋季长出枝条，但如果花盆较大则夏芽或秋芽也有可能长出枝条，要将这些枝条剪除。有时会在没有叶片的位置发出花蕾，这种情况下要摘蕾减少开花数量。结果后需要按照每盆 8 ~ 10 个果实的标准疏果。

●施肥方法

3 月将植株周围挖开并埋入有机肥以培育强壮的春枝。采收后使用掺入两成骨粉的油粕固体肥料充分追肥。

庭院栽培时的主干型植株造型

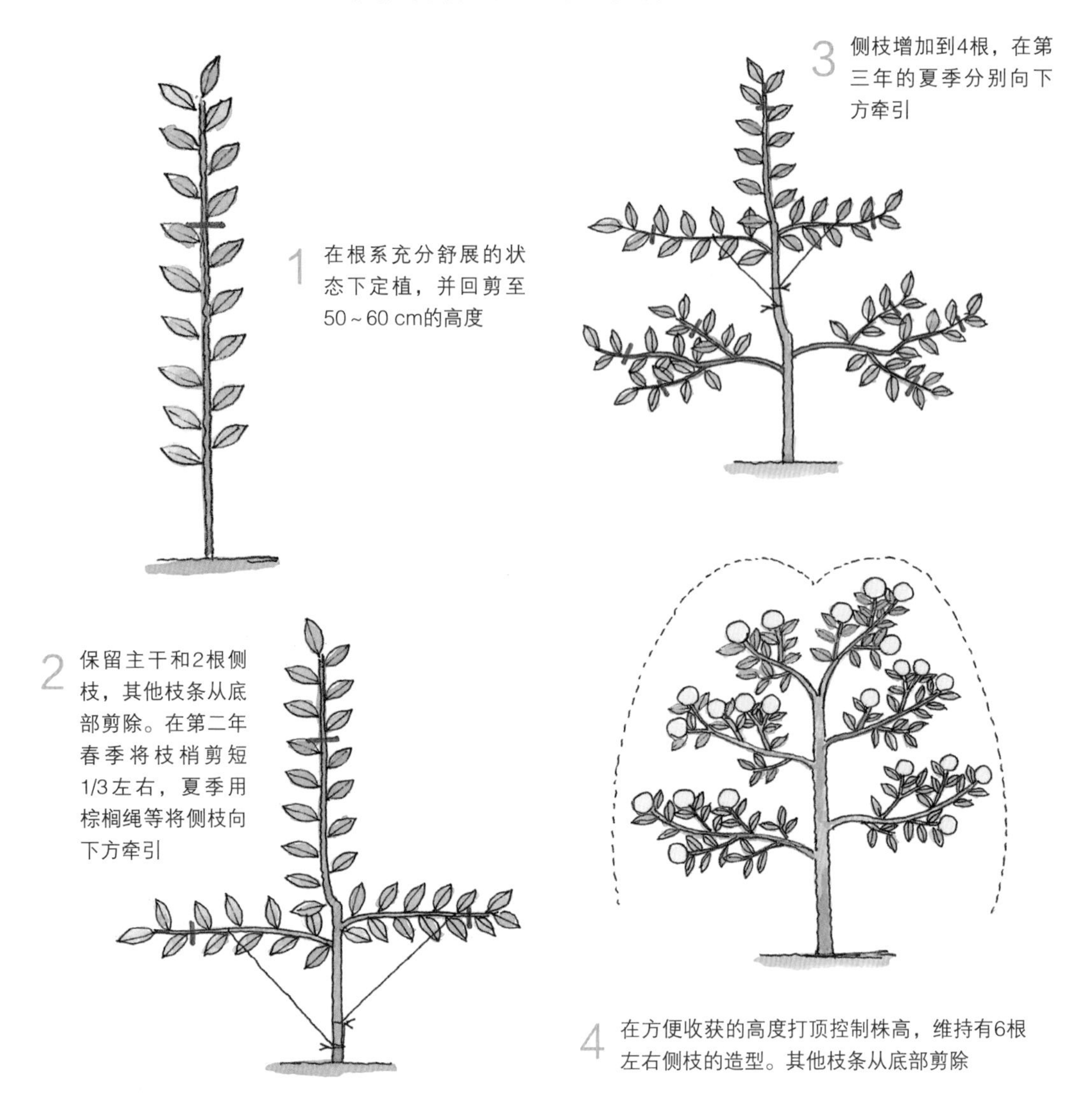

Q&A 下面的叶子枯黄了怎么办?

盆栽时如果发生植株下面的叶子枯黄，仅上半部分有叶子且结果状况不好的情况，有可能是根系盘结造成的。需要从花盆中把土坨挖出，整理根系，剪除 1/3 左右的根后换到大一圈的花盆里养护。

在庭院中定植

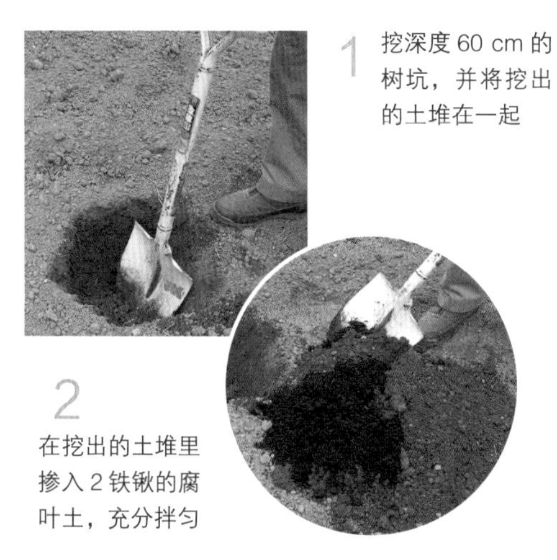

1 挖深度 60 cm 的树坑，并将挖出的土堆在一起

2 在挖出的土堆里掺入 2 铁锹的腐叶土，充分拌匀

3 将部分混合好的土放回树坑，并用剩余的土种好树苗。多出的土做出水坑的形状，充分浇水

4 所浇的水都渗入土中后将土踩实并立起支架，将树苗固定在支架上

5 在根部覆盖纸板后再盖上土，将树苗剪短 1/3

Q&A 怎样才能使第二年也能硕果累累呢？

如果结果较少则养分会被枝叶消耗，所以在 10 月下旬将长出的枝条进行重度修剪以更新春枝。

Q&A 日本蜜柑没有籽，无法播种繁殖，怎么办？

日本蜜柑原本就是无籽的品种，但如果有夏橙等品种的花粉飘来授粉成功的话也会结出有籽的果实，用这个籽播种的话无法种出相同品质的果树。如果想要增加植株，则需要用枳树等长势旺盛的树作为砧木，嫁接果实品质好的枝条，处理成嫁接苗种植。

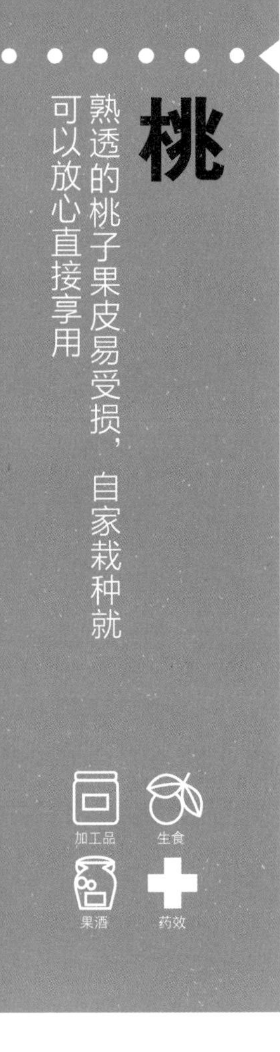

桃

熟透的桃子果皮易受损，自家栽种就可以放心直接享用

基本信息

- 蔷薇科，落叶中乔木，株高3～8 m
- 原产地：中国
- 适合定植时期：12月至翌年3月
- 单株结果性：有。混植其他品种时结果效果更佳
- 开花：4月
- 收获：7—8月
- 人工授粉：因品种而异

●特征与品种选择

果皮上带有细微的毛。日本主要有‘日川白凤’‘长泽白凤’‘岭凤’等白凤系列，‘川中岛白桃’‘清水白桃’等白桃系列，以及两个系列杂交的‘晓’（‘AKATSUKI’）等品种。我国有离核毛桃、蟠桃等食用品种，也有碧桃、绯桃等观赏品种。

●树苗定植

环境的平均气温达 9 ℃以上即可在庭院中栽种。植株冬季最低可耐 -15 ℃的低温，但夏季需要高温环境才能使果实成熟。于 12 月至翌年 3 月在庭院中日照充足、排水好的位置定植。桃树忌连作，应尽量选择没有种过桃树的地方种植。植株耐干燥，不需要特意浇水。

如果采用盆栽方式，则即使选择较小型的品种也要用盆口直径 30 ～ 45 cm 的较大的花盆栽种，定植后在花盆 1 倍的高度上回剪。需要避免土壤过湿，但夏季最好早晚各浇 1 次水。

●修剪与造型

即使放任不修剪，枝条也会舒展开呈自然开

‘西野白桃’

桃花

‘晓’

‘仓方早生’

心形姿态，但对于矮小砧木的树苗则采用株高控制在 3 m 之内的主干型造型。如果种植‘幸运桃’（‘Bonanza Peach’）、‘荣光’（‘Glory’）等矮生品种，则控制在 1 m 左右的高度，处理成半圆形造型。

在 1—2 月可以区分出花芽，将没有膨大的花芽的枝梢部分剪除。徒长枝则在留两三个芽的地方剪除，以促进发出新枝。

●提高果实品质

‘大久保’和白凤类为同株授粉品种，但白桃类的植株没有花粉所以无法完成授粉，需要通过人工授粉确保结果。通常最先开的花结果效果最佳。

结果后会发生生理落果现象，但由于花量较大，所以如果不进行疏果的话也会让植株消耗过大。在完全开花 3 ~ 4 周后进行第一次疏果，之后再过 2 ~ 3 周进行第二次疏果，最终的标准为

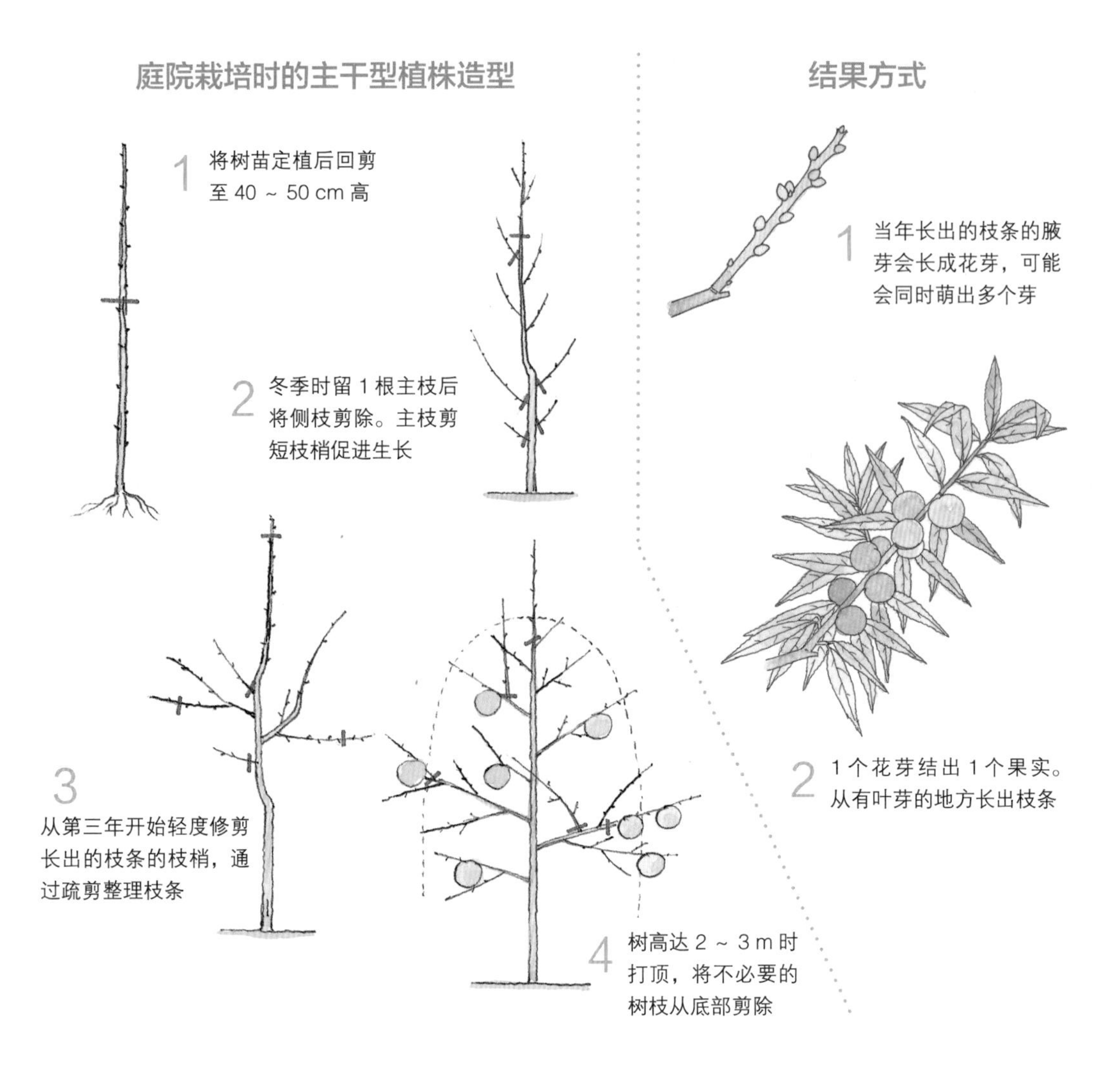

每15片叶子对应1个果实。第二次疏果后套袋。

●施肥方法

在 1—2 月将植株周围挖开并埋入足量的迟效有机肥料。

●需要警惕的病虫害

生长期易发蚜虫、红蜘蛛、钻心虫。如果新叶卷曲像被火烧伤的状态，则可能发生了缩叶病。

Q&A

观花的桃树可以用来人工授粉吗?

如果用果实无法食用的观赏桃树的花粉给食用桃树进行人工授粉，也可以结出可以食用的果实。但观赏桃树的花期较早，所以需要把花粉保存起来使用。

盆栽时的定植方法

1

花盆底部垫防虫网，之后使用大颗粒的鹿沼土等作为排水层，铺 1 ~ 2 cm 高

2

上盆时注意不要把苗埋得过深，在苗与花盆间加入盆土以固定苗的位置

3 轻拍花盆让土壤充分填满空隙，之后充足浇水

4 插入支架，用麻绳在支架与主干之间打“8”字结，先固定苗的下方

5

将主干在花盆 1 倍的高度上回剪，上部也用麻绳打结固定

Q&A 即使同时种植 2 个品种的桃树，但还是不结果的原因是什么？怎么解决？

白桃类的品种开出没有花粉的不完全花，所以如果只种 1 株无法授粉。即使同时种植 2 个品种，如果都是白桃类的品种也无法授粉，所以需要搭配 1 株白凤类的树苗。如果这样搭配依然没有正常授粉的话，则考虑是由于高层建筑阻碍昆虫飞来，或肥力不足造成冬季寒气使雌蕊功能衰弱（授粉能力降低）等原因。可以采用的对策有人工授粉、秋季追肥等。另外在落叶期施用白云石灰也能起到一定作用。如果在庭院中栽培，则最好在土壤中掺入堆肥，以形成肥沃的环境。

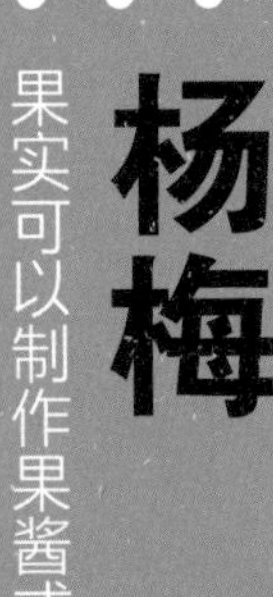

杨梅

果实可以制作果酱或果酒

基本信息

- 杨梅科，常绿乔木，株高6～12 m
- 原产地：中国、日本
- 适合定植时期：3—4月
- 单株结果性：雌雄异株
- 开花：4月
- 收获：6—7月
- 人工授粉：不需要

●特征与品种选择

从果树性质来说，易出现丰年歉年间隔（大小年）的现象。常见的品种有不容易出现隔年结果现象且果实较大的‘瑞光’。此外，还有酸味较少、有最大级果实的‘森口’‘秀光’等。

雌雄异株，需要雌雄株一起购买种植。

●树苗定植

属于适合温暖地带的果树，在3—4月气温提升时选日照充足、排水性良好的位置栽种。如果是营养钵培育的树苗，则要注意在定植时不要破坏根部的土坨。

如果采用花盆种植，则使用排水性良好的土壤种植，种好后回剪至花盆高度的1倍。杨梅生长旺盛，需要在每年春季换盆。

●修剪与造型

处理成枝条横向舒展的自然开心形造型。植株长势旺盛，如果放任不处理的话会长得比较高，最好将株高控制在2.5 m左右。

如果修剪新枝可能会把花芽一起剪除，所以要选在萌芽前将比较密集的枝条从根部剪除。

庭院栽培时的主干型植株造型

1 定植后将树苗回剪 1/3

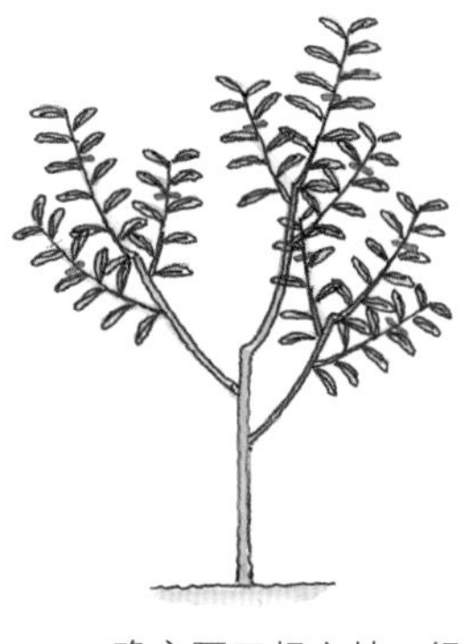

2 确定两三根主枝，轻度剪短以促进生长

3 对于比较密集的部分通过疏剪清理

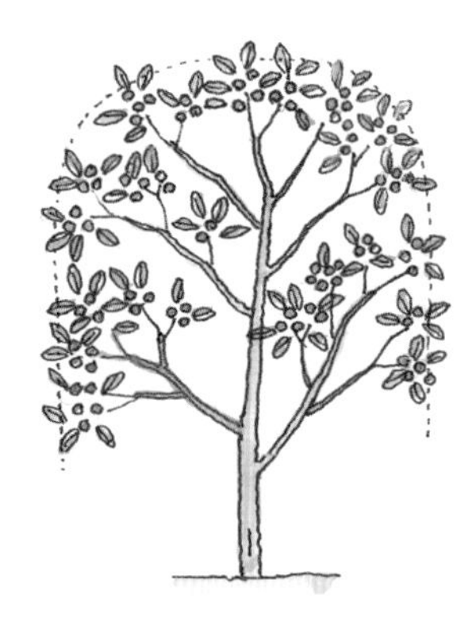

4 造型完成后打顶，不剪短侧枝，主要靠疏剪维持造型

盆栽

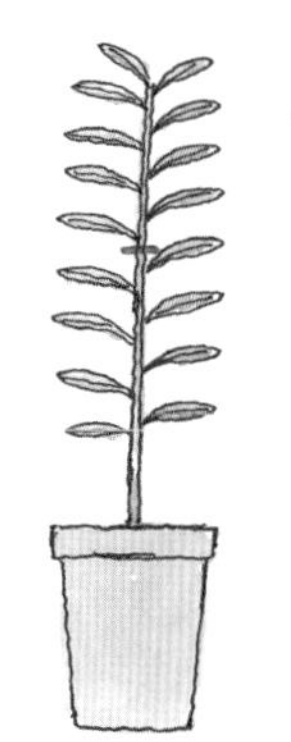

1 将苗种好后回剪至花盆 1 倍的高度

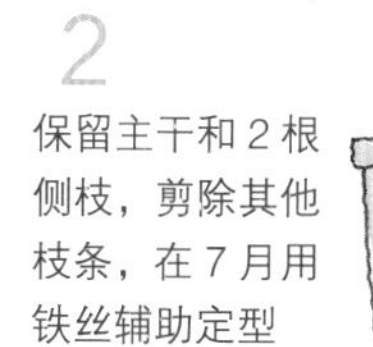

2 保留主干和 2 根侧枝，剪除其他枝条，在 7 月用铁丝辅助定型

结果方式

1 在新枝的腋芽处萌出花芽

2 第二年这种芽开花结果

●提高果实品质

将雄株种植在雌株旁边，开花期可以采取遮雨措施确保正常授粉。

果实数量较多，如果不有效疏果则容易出现隔年结果现象，可以采用在结果较多的年份将带果实的整根枝条剪除的方法，以减少植株的消耗。

●施肥方法

在定植时给足堆肥和底肥，并注意尽量氮肥多一些。

●需要警惕的病虫害

杨梅圆点小卷蛾会将叶片卷起来隐藏其中，并大量啃食叶片，如果发现需要连同叶片一起去除。对于出现突起造成枯萎的病害，如果发现突起则要立即将该枝条剪除并焚烧。

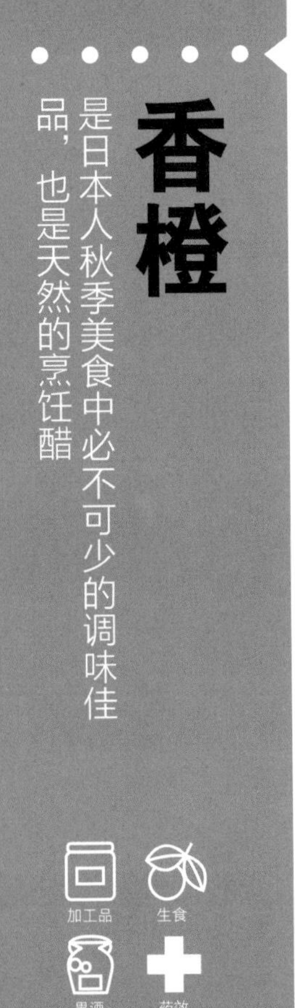

香橙

是日本人秋季美食中必不可少的调味佳品，也是天然的烹饪醋

基本信息

- 俗名“日本柚子”，芸香科，常绿乔木，株高4～6 m
- 原产地：中国
- 适合定植时期：3月中旬至5月上旬
- 单株结果性：有
- 开花：5月
- 收获：8—11月
- 人工授粉：不需要

●特征与品种选择

市面上常见以枳树为砧木的嫁接苗，定植后 6 ~ 7 年可以开始采收。如果想要快一些开始收获，也可以选购结果苗。果实较小的品种包括种植后 3 年可以收获的‘多田锦’，花朵芳香且可以较早结果的‘花柚’，香橙与柚子杂交的‘日向夏’等。

●树苗定植

在 3 月中旬至 5 月上旬选择夏季没有西晒且土壤兼具排水性和保水性的位置栽种。香橙的一大特色是在柑橘类中的耐寒性最强。注意植株上有锐利的尖刺。

●修剪与造型

可以处理成主干型或半圆形造型。植株长势旺盛，可以通过剪根、将部分树皮环剥等方法抑制长势。长势过旺的枝条的结果效果不好，可以剪除或向水平方向牵引。

盆栽需要将枝梢剪短以促发新枝，用棕榈绳等牵引成模样木风格。

庭院栽培时的主干型植株造型

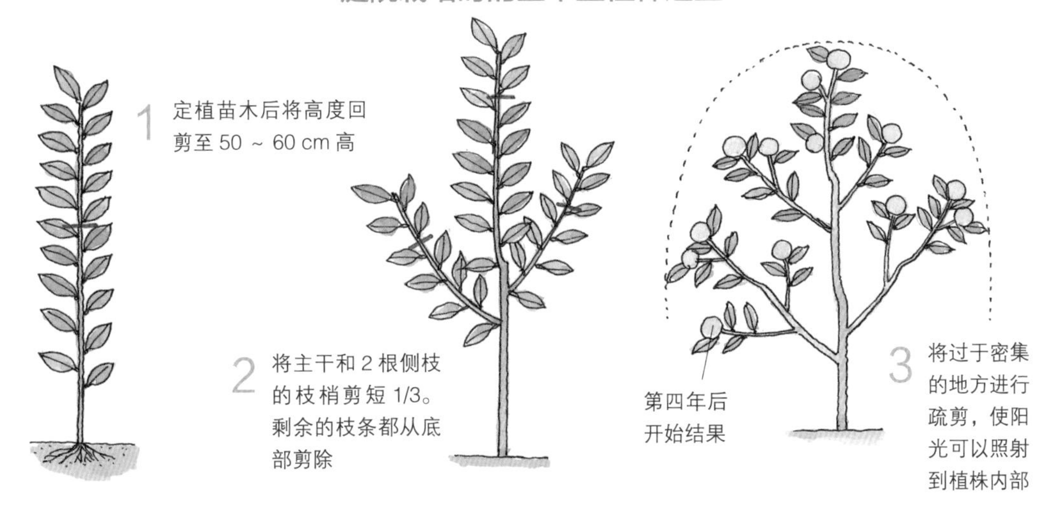

庭院栽培时的“一”字形植株造型

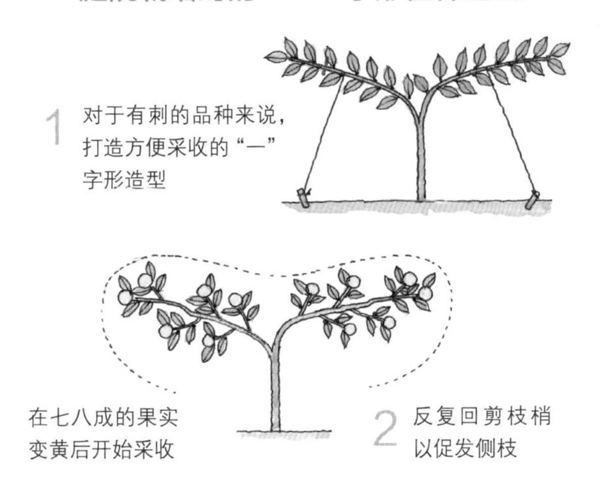

盆栽时的植株造型方法

●提高果实品质

虽然可以同株授粉，但人工授粉有助于确保结果效果。盆栽需要在根系盘结前换盆，冬季避免缺水干燥。

●施肥方法

在结果的 9 月中旬追肥。如果因结果而导致植株长势变弱，则可能会掉叶且影响第二年的结果效果。

●需要警惕的病虫害

如果出现长势变弱或结出的果实偏小的情况，有可能是感染了病菌。一旦感染病菌则无法完全治愈，只能将植株销毁。

●推荐食用方法

可以将其果汁用于烹饪，或将果实制成果酱、用砂糖腌渍等。对于日本人来说它还是冬至时泡香橙澡的必备品。

毛樱桃

即使直接播种育苗也可以在3年后结果，非常容易栽培

基本信息

- 蔷薇科，落叶灌木，株高2～3 m
- 原产地：朝鲜半岛，中国
- 适合定植时期：2—3月
- 单株结果性：有
- 开花：4月
- 收获：6月
- 人工授粉：不需要

●特征与品种选择

与樱桃有亲缘关系。株高最多2 m，在较狭窄的地方也可以正常栽种。包括红色品种和果实稍大的白色品种。

果实带有光泽，口味酸甜，除直接生食外还可以用于制作果酒等。

●树苗定植

在2—3月选日照充足且排水性良好的位置栽种。如果采用盆栽方式，则种植在盆口直径约20 cm的花盆中，每年换盆1次。如果直接播种育苗，则3年左右即可开始结果。

●修剪与造型

通过疏剪处理成杯状造型，盆栽则可以处理成模样木风格或标准造型，但都要注意剪除根蘖。

●提高果实品质

喜干燥，种植在庭院中不需要特意浇水。如果采用盆栽方式则要在盆土发干时充足浇水，但浇水过量可能导致叶片变黄掉叶。如果日照不足会影响结果效果。

庭院栽培时的杯状植株造型

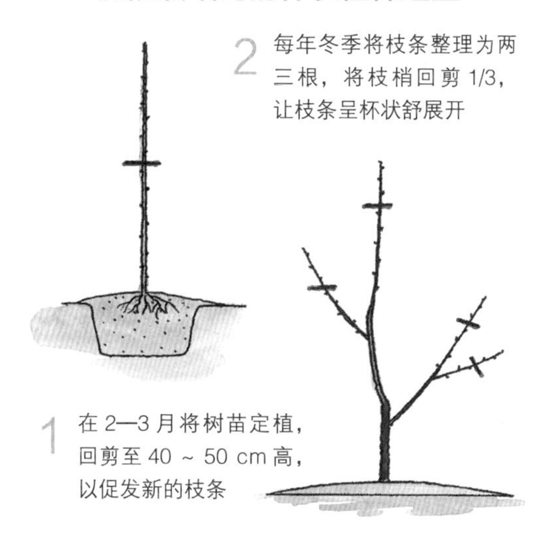

2 每年冬季将枝条整理为两三根，将枝梢回剪 1/3，让枝条呈杯状舒展开

1 在 2—3 月将树苗定植，回剪至 40 ~ 50 cm 高，以促发新的枝条

扦插（虽然成活率不高）

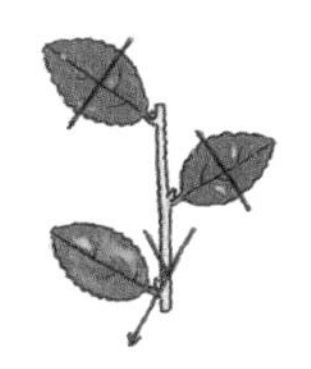

1 在 7 月使用较强壮的枝条制作插穗

3 盖上塑料膜保湿，一个半月左右成活

2 将插穗底部削开，露出形成层，用水泡过后在赤玉土和鹿沼土的混合土壤中扦插

盆栽时的植株造型方法

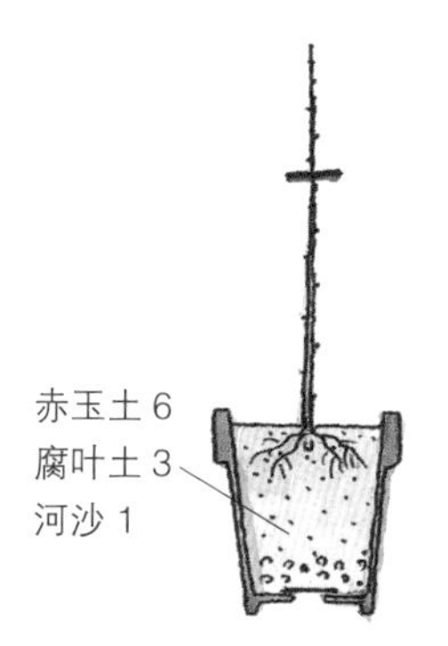

1 在 2—3 月种植在盆口直径约 25 cm 的花盆中，回剪至 30 ~ 40 cm 高

2 控制为主干和 2 根侧枝的形式，下方的枝条都要剪除

3 在 6—7 月用铁丝将侧枝向下方固定，处理成标准造型

将红果实的品种和白果实的品种组合栽种也别有情趣

在比较强壮的新枝上会萌发花芽，第二年开花结果。虽然属结果状况较好的品种，但如果要确保结果效果，可以用毛笔尖刷花蕊以促进授粉。授粉后注意防雨。

如果果实过多，植株会通过自然落果进行自我调节，但对于盆栽而言，仍须注意观察，果实过于密集的位置需要适当疏果。

●施肥方法

1—2 月在根部施用迟效肥料。盆栽则在定植 1 个月后、每年 1 月至 2 月、8 月下旬至 9 月上旬时埋入三四粒油粕固体肥料。

●需要警惕的病虫害

虽然通常不易发病虫害，但也要警惕介壳虫和李袋果病。

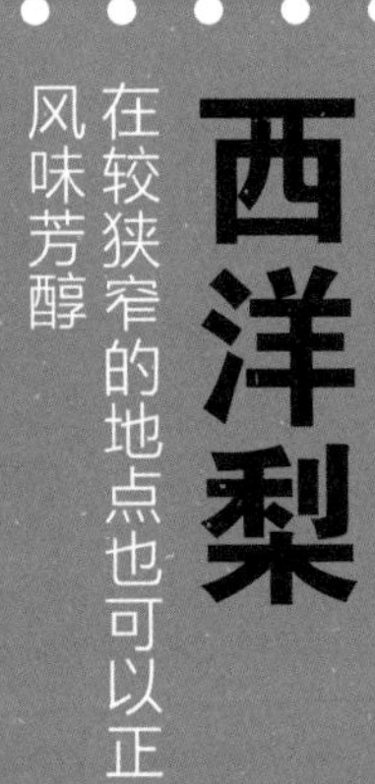

西洋梨

在较狭窄的地点也可以正常培育，风味芳醇

基本信息

- 蔷薇科，常绿乔木，株高5～20 m
- 原产地：欧洲
- 适合定植时期：11月至翌年3月
- 单株结果性：有（因品种而异）
- 开花：4月
- 收获：8—9月
- 人工授粉：需要

●特征与品种选择

喜冷凉少雨的气候。常见的品种有‘克劳德·布兰切特’（‘Claude Blanchet’）、‘李克特’（‘Le Lectier’）等。一些嫁接在矮生砧木上的嫁接苗的株型比较紧凑，适合种植在庭院中。

●树苗定植

虽然11—12月为适合定植的时期，但积雪地区和寒冷地区则建议在2—3月栽种。栽种时将根系展开，注意不要将嫁接接口埋入土中，种得稍高一点。定植后将植株高度回剪至40～50 cm。

●修剪与造型

植株生长比较缓慢，可以采用“U”字形造型或主干型造型。

如果采用主干型造型，则在第一年将比较强壮的枝条回剪1/3左右，其他枝条进行轻度疏剪。反复这样处理，在第5～6年时可以形成有三四根主干的自然树形。长势旺盛的情况下也要进行疏剪。

●提高果实品质

有些品种不易同株授粉，需要将几个品种混

庭院栽培时的杯状植株造型

1 将长出的枝条剪短1/3。将直立的枝条等从底部剪除

2 造型成熟后用几年时间逐渐剪短主干

结果方式

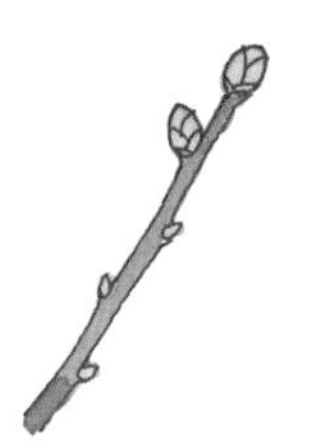

1 在新长出的枝条的枝梢萌出花芽

2 优先让枝梢结果，其他的花芽基本结不出特别好的果实

栽种要点

除常见的‘克劳德·布兰切特’‘李克特’外，还有很多香甜的优质品种。红巴梨较酸且甜度不高，适合作为授粉树。

西洋梨虽然需要催熟才能食用，但口味取决于采收的时期，需要按照每个品种的最适合时期收获，之后放在冰箱中保存1～2周，再放在室温下即可得到松软甘甜的果实了。

植后人工授粉。

如果某年结果过多则有可能影响第二年的结果效果，所以要在开花后20天和40～50天分别进行1次疏果，最终达到每25～30片叶子对应1个果实的标准。

口感与日本梨不同，在收获后需要继续催熟才能变得美味。采收过早可能造成果实无法完成催熟，采收过晚可能造成果肉变粗糙且口味不佳，所以需要注意适时采收。

●施肥方法

在11—12月施迟效肥料，在采收果实后的9月下旬至10月上旬追肥。

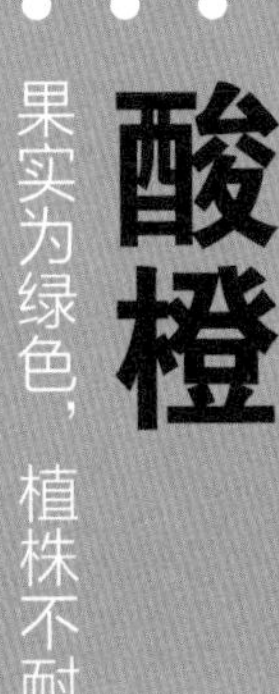

酸橙

果实为绿色，植株不耐寒，可以盆栽

基本信息

- 芸香科，常绿乔木，株高1～2 m
- 原产地：亚洲南部，印度
- 适合定植时期：3—4月
- 单株结果性：有
- 开花：5—6月
- 收获：11月至翌年2月
- 人工授粉：不需要

●特征与品种选择

酸橙为热带植物，在中国建议盆栽。小苗阶段即使开花也很难结果，要养护 5 ～ 6 年才有可能正常结果。

市面上常见的具有四季开花性、比较耐寒且抗病性较强的酸橙品种为‘塔希提’。

●树苗定植

选择盆口直径约 25 cm 的花盆，使用兼顾排水性和保水性的土壤种植。

在日照充足且较温暖的地方养护，如果缺水会导致落花，所以要在土壤表面发干时就充分浇水。

●修剪与造型

植株长势旺盛，需要进行疏剪，限制枝条数量，同时用铁丝辅助定位，处理成模样木风格的造型。

●提高果实品质

对于具有四季开花性的品种来说，在春、夏、秋、冬分别会有盛花期，但为了避免植株消耗过大，只能让春季开出的花结出果实。

盆栽时的植株造型方法

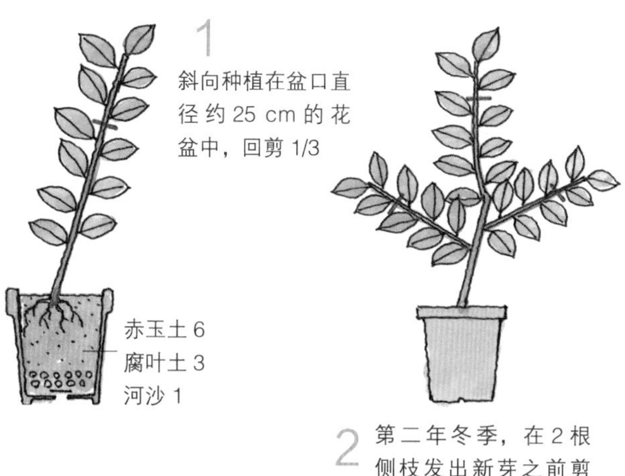

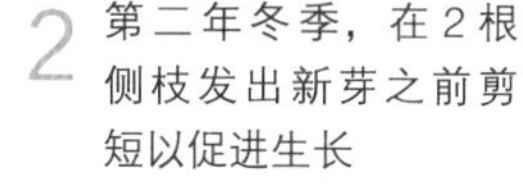
2 第二年冬季，在2根侧枝发出新芽之前剪短以促进生长

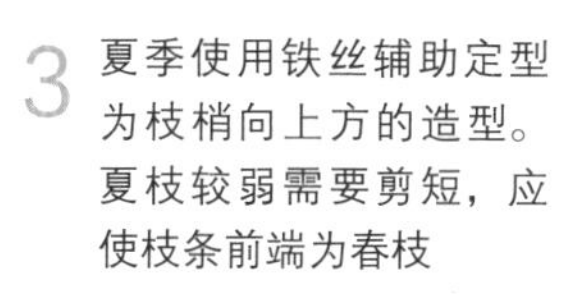
3 夏季使用铁丝辅助定型为枝梢向上方的造型。夏枝较弱需要剪短，应使枝条前端为春枝

4 结果后枝条容易承重下垂，要搭起支架，用棕榈绳等固定

结果方式

1 在叶片茂盛的成株上新发出的花芽会开花结果

2 在春枝的枝梢附近开花的同时，夏枝及秋枝也会开花结果

3 如果在一处集中结出多个果实，则需要趁果实还没有长大时尽快疏果

酸橙比柠檬更容易发生落果，在果实着色的时期容易掉果。因易发蒂腐病，所以应在采收前保持稍偏干的状态，尽早采收后在绿色的状态使用。

●施肥方法

3月和9月收获后，在花盆边缘埋入缓释肥料。

●需要警惕的病虫害

嫩叶期可能会有青虫类啃食叶片，需要及时捕杀。如果因多雨或大风使叶片受伤，则易发果蒂腐烂，故应尽量选择没有风吹雨打的位置养护。

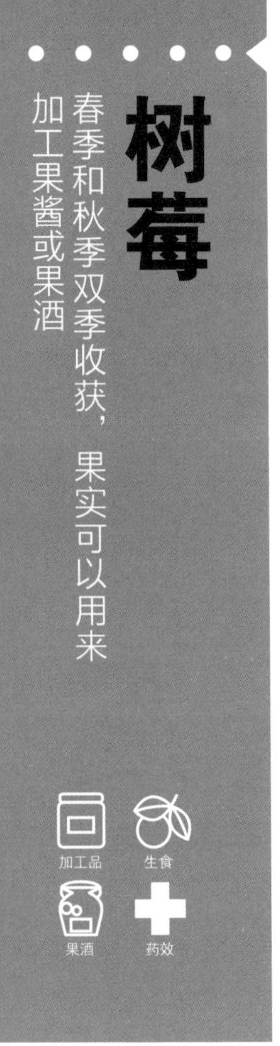

基本信息

- 学名“山莓”，蔷薇科，落叶灌木，株高1~2 m
- 原产地：欧洲、美洲等
- 适合定植时期：2—3月
- 单株结果性：有
- 开花：4—5月
- 收获：6—7月
- 人工授粉：不需要

●特征与品种选择

这是生长旺盛、非常易于养护的果树。通常可以一年结果 2 次，包括短刺红果的‘夏印第安’（‘Indian Summer’）、黄果的‘秋金’（‘Fall Gold’）等代表性品种。

●树苗定植

种植在光照充足和排水性好的位置。因其耐寒性强、耐热性差，所以最好选择夏季没有西晒的半遮阴的位置栽种。

如果采用盆栽方式，则要选用排水性好的土壤，用较深的花盆或大型花槽种植。需要隔年修根换盆。

在落叶期可以将地下茎发出的子株剪切下来，种在花盆中即可繁殖出新苗。可以在 6 月把植株挖出进行分株。盆栽可以在换盆的时候分株。

●修剪与造型

即使放任其自由生长也会长成 1.5 m 高的丛状。需要根据种植的空间确定主枝的根数，在落叶后将已经结过果实的枝条剪除以促发新枝。在 6—7 月会不断长出根蘖，留两三根后其他都剪掉

‘夏日庆典’（‘Summer Festival’）

‘神奇港’（‘Wonder Bay Late’）

树莓的花

‘秋金’

以保证养分集中，需要避免枝条过于密集。

盆栽将植株枝条控制在两三根，搭起支架牵引在上面，需要注意避免植株扩展得过大。

●提高果实品质

植株可以同株授粉，所以不需要人工授粉。对于双季结果的品种，通常在 8 月下旬，春季长出的新枝的枝梢附近会开花结果，这种枝条也称为第二年的结果母枝，即使结果也不要回剪。另外，即使是双季结果的品种，如果修剪为仅一次结果，则下一年的结果枝也会增多，采收效果更好。

●施肥方法

1—2 月在植株周围施用迟效有机肥料。对于盆栽，则在定植 1 个月后将三四粒缓释固体肥料埋入花盆，之后每年春季和秋季按照同样方法施肥。

定植与养护

确认芽的朝向，留希望枝条长出来的方向的芽，把枝梢剪掉

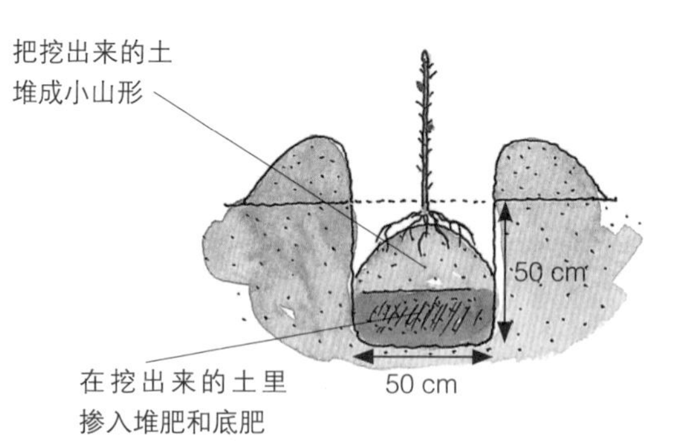

盆栽时的植株造型方法

1 把树苗的根坨稍打散，定植在盆口直径约 20 cm 的花盆中

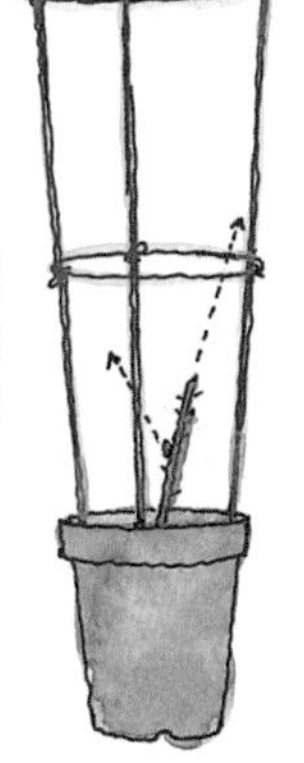

2 搭起为花盆高度 2.5 ~ 3 倍的倒锥形支架，将长出的枝条牵引在上面

3 将枝条均衡地牵引在支架上，将从根部长出的枝条尽早剪除

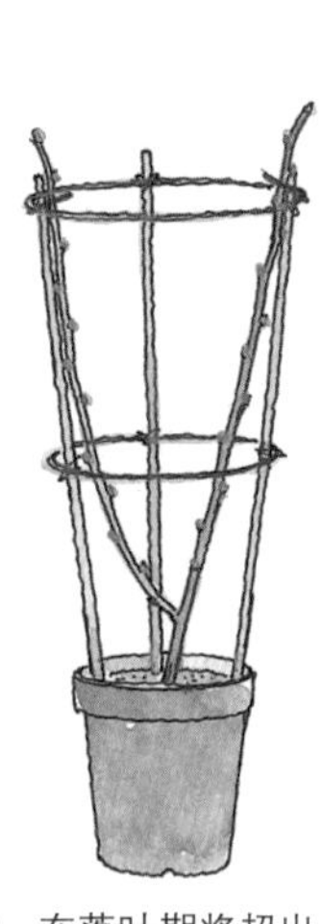

4 在落叶期将超出倒锥形支架的枝条回剪

5 将采收过果实的枝条剪除，待新枝长出后才会长出结果枝并结出果实

●需要警惕的病虫害

如果收获期多雨则易发灰霉病，应把花盆移到房檐下或采取避雨措施。适当喷洒药物也可以起到作用。如果发现植株周围有木屑，则说明枝条内部潜伏了木蠹蛾，要将这样的枝条剪除并彻底处理掉。

●推荐食用方法

待果实变为深红色后就可以从花托上轻轻拔下来。果实在常温下不易保存，大量采收时可以用来加工成果酱或果酒，也可以冷冻保存。

树苗繁殖方法

结果方式

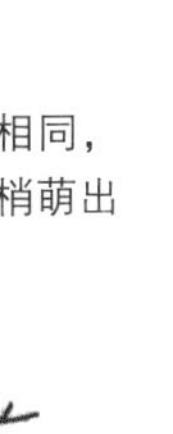

采收方法的区别

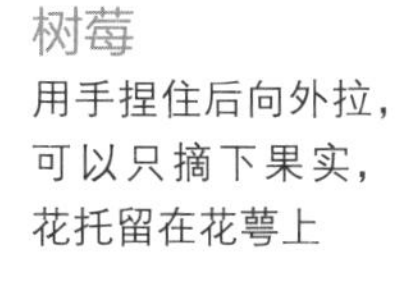

Q&A 树莓与黑莓的区别？

树莓和黑莓为近缘种，在树莓结出的果实中也会有一些比较黑的果实。通常摘下果实后花托（支撑花瓣的部分）没有一起摘下来的中空果实的为树莓，而连同花托一起被摘下来的则是黑莓。另外，树莓通常为双季结果，而黑莓基本都是单季结果。具有匍匐性的黑莓也会单独称为露莓。

无论是树莓还是黑莓，植株长势都很旺盛，属易栽培的品种。其中黑莓的耐寒性更强，在冬季最低气温－10 ℃左右的地方也适合栽种。

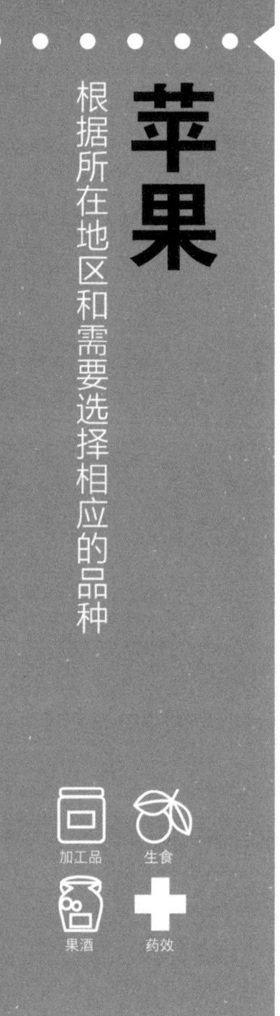

基本信息

- 蔷薇科，常绿乔木，株高3～10 m
- 原产地：东欧
- 适合定植时期：12月下旬、4月下旬
- 单株结果性：有。最好混栽不同品种
- 开花：4月
- 收获：10—11月
- 人工授粉：不需要

●特征与品种选择

按照果皮的颜色，通常分为红苹果和青苹果。在温暖地区推荐选择早生品种‘赤城’‘国光’‘迷你苹果’。英国改良的‘芭蕾苹果’株型直立，开花结果不占空间，包括青苹果的‘舞乐’（‘Bolero’）和红苹果的‘舞佳’（‘Polka’）等品种。

各个品种的苹果树通常都是定植后 3 年可以开始采收，如果在庭院中栽种，可以把株高控制在 3 m 之内。如果光照不足则可能影响果实颜色和品质，特别是‘津轻’和‘富士’需要直射阳光。

●树苗定植

通常从12月左右嫁接苗的树苗会开始上市，如果是寒冷区域，需要将其假植至 3 月，待气温基本稳定后选择日照充足且排水性好的位置定植。定植好后需要立起支架辅助支撑，并充分浇水。植株根系容易受损，扎根较浅，所以处理树苗时要注意尽量避免伤根。

耐寒性很强，在 1 月的环境温度低于 -25 ℃时也可以顺利过冬。在冬季最低气温 0 ℃以下

苹果的花

地区的庭院中也可以正常栽种。而且，如果没有低于 5 ℃的低温环境条件则无法打破休眠。

●修剪与造型

采用主干型造型或纺锤形造型（细长纺锤形）。枝条易弯曲，所以也可以处理成篱笆形或“U”字形，也可以搭在棚架上。

冬季修剪造型需要将不必要的枝条疏剪，长得过长的枝条从分枝处回剪，以调整植株大小。夏季为了让阳光照射到树的内部而疏剪内部较密集的部分。

●提高果实品质

因为每个花芽至少开出 5 朵花，所以要按照最终保留两三朵的要求疏蕾。对于叶片较小的位置则将整簇花蕾都一起摘除。需要注意若开花期温度过低可能影响结果效果。

盆栽时的模样木风格植株造型

1 反复回剪枝条，将植株高度控制在花盆的3倍左右。剪除不必要的枝条，将侧枝调整为3～5根

2 在盆口直径约30 cm的花盆中将树苗斜向定植，在花盆1倍的高度上回剪。夏季时用铁丝牵引主干和2根侧枝

结果方式

1 在枝梢附近的芽和短枝枝梢的芽长成花芽

2 第二年从花芽长出叶和花苞，开花结果

疏果与转果

1 同一处会开出5朵或更多的花，仅保留中心位置花柄较长的两三朵花，剪除其他的花

2 最终控制为一处1个果实，开始着色后剪除遮挡阳光的叶片

3 转动果实，让表面均衡接收光照，这称为“转果”

●施肥方法

1—2月将树的周围挖开，施入迟效有机肥料。

●需要警惕的病虫害

枝叶上有可能会有蚜虫、卷叶蛾、方翅网蝽、金纹细蛾等。食心虫会给果实造成虫害，需要套袋预防。在温暖地区还易发白粉病和锈病，需要提前喷洒药剂预防。

Q&A

M26代表什么意思？

对于嫁接苗来说在使用矮小砧木时，会在这里标出砧木的大小和种类。

在庭院中定植

1 喜弱酸性土壤，在挖出的土中混合 2 铁锹的泥炭

4 水坑中的水完全渗入后，立起支架将树苗在 70 ~ 80 cm 高处回剪

2 定植树苗。不要强行打散根系周围的土（土坨）

5 将苗的下部和上部两处与支架固定，在固定时使植株和支架保持一定距离

3 种得稍高一些，不要把嫁接处埋入土中，在根周围做出水坑，充分灌水

6 在纸箱板上剪开口覆盖在根部

Q&A

为什么什么也没做就落果了?

在果实还没有长大时就落果的情况常见于‘津轻’等品种，但通常是在植株营养不均衡的时候发生这种情况。如果在即将进入采收期时落果，则落下来的果实可以直接食用。

Q&A

柱型苹果是什么?

这是指英国改良的‘芭蕾苹果’。植株基本不发侧枝，而是在主干上紧密开花结果，在较狭窄的位置也可以种植，如果直接食用，推荐‘舞乐’‘达斯卡’等品种。

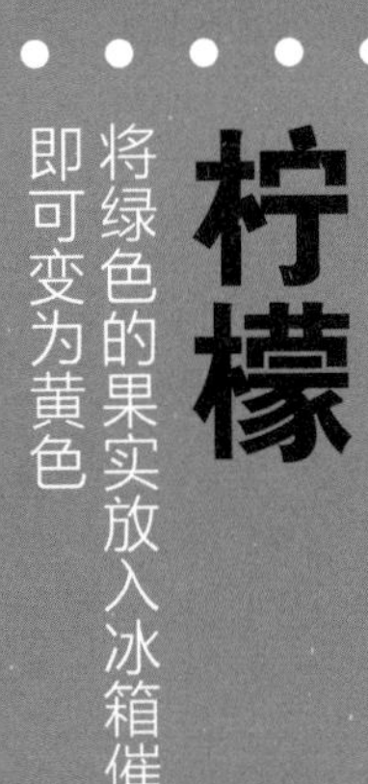

柠檬

将绿色的果实放入冰箱催熟即可变为黄色

基本信息

- 芸香科，常绿乔木，株高3～4 m
- 原产地：喜马拉雅地区
- 适合定植时期：3—4月
- 单株结果性：有
- 开花：5—6月
- 收获：11月
- 人工授粉：不需要

●特征与品种选择

虽然属亚热带植物，但耐寒性较强的品种在不低于 -3 ℃的情况下都可以耐受，所以在较温暖的地带也可以种植。市面上常见的耐寒品种除‘里斯本’外，还有‘尤里克’、‘中国柠檬’（‘Meyer Lemon’）等。

●树苗定植

如果在温暖地区种植，需要选择兼具排水性和保水性的位置。如果采用盆栽方式，则使用盆口直径约 25 cm 的花盆，在日照充足的位置养护，最好每 2 年换盆 1 次。

喜干燥，但如果缺水则会掉花，所以应在盆土表面发干时浇足水。

●修剪与造型

植株长势旺盛，容易长得较大，需要通过疏剪控制枝条数量。盆栽可以用铁丝定型，处理成模样木风格的造型。

●提高果实品质

虽然可以同株授粉，但如果种植在没有昆虫

盆栽时的植株造型方法

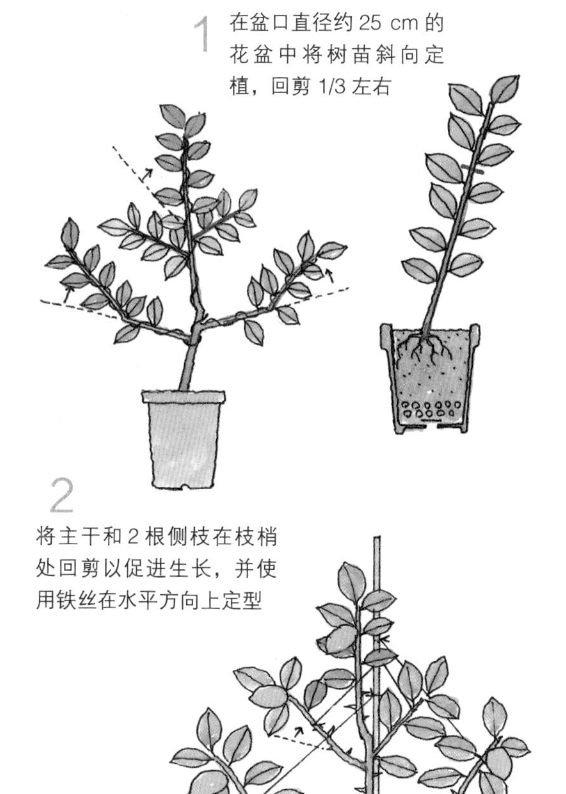

结果方式

栽种要点

除果实外，花和叶片也带有柠檬芳香，可以把疏花时摘除的花放在室内，香气宜人。如果植株长势过强则不易结出果实，所以可以通过较少枝条数量的方法减弱植株长势。可以借助铁丝定位处理成主干型造型。

媒介的地方就需要进行人工授粉。在 11 月中旬采收后，放在冷凉的室内，1 个月左右即可以催熟。如果采收前减少浇水，则果实香味更加浓郁。完全成熟后香味淡去。

●施肥方法

在 3 月施春肥，收获后追肥。如果在 9 月施秋肥则植株不会负担过重，可以使果实更充盈。

●需要警惕的病虫害

如果因多雨或刮风使叶片受损，则易发溃烂。如遇连续阴雨天气，最好将花盆移至遮雨处。

●推荐食用方法

除直接生食外，还经常将其汁液制作成果汁或在烹饪中使用。切片用蜂蜜腌制可以做成“蜂蜜柠檬”，也可以制作柠檬酱汁或柠檬蛋糕等，以各种形式享用其浓郁香味。

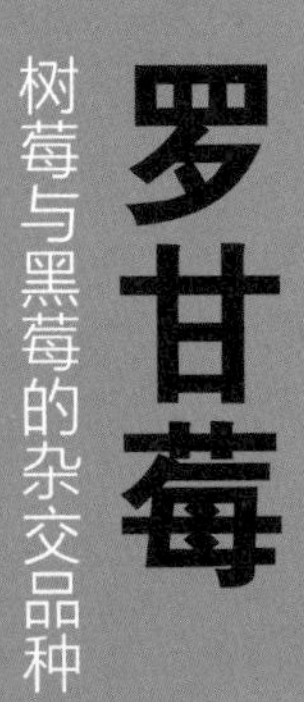

罗甘莓

树莓与黑莓的杂交品种

基本信息

- 蔷薇科，落叶灌木，株高1～2 m
- 杂交品种
- 适合定植时期：2—3月
- 单株结果性：有
- 开花：4—5月
- 收获：6—8月
- 人工授粉：不需要

●特征与品种选择

这是树莓与黑莓的杂交品种，在1883年由加利福尼亚的罗甘法官育成，因而得名。植株长势旺盛，结果效果好，具备耐寒性。是没有刺、非常易养护的小浆果。

在半藤本的枝条上结出很多红色的果实，除直接生食外还可以用于加工果酱。香气醇厚，也可以用于加工菜肴中的酱料。

市面上除营养钵苗外，还有已经结果的树苗出售。选购时建议尽量选择新枝萌发状况好的苗。

●树苗定植

在2—3月，定植在日照充足且排水性良好的位置。如果采用盆栽方式，则每2年换盆1次，换盆时需要剪除一些根系或进行分株。

●修剪与造型

枝条为半匍匐性，只需要用支架等牵引。对于庭院栽培的情况，可以牵引在栅格上，如果是盆栽则可以采用倒锥形支架来牵引枝条。

在落叶后将当年已经结过果实的枝条剪除以促进更新新枝。植株长势旺盛，所以在疏枝时如

盆栽时牵引在倒锥形支架上

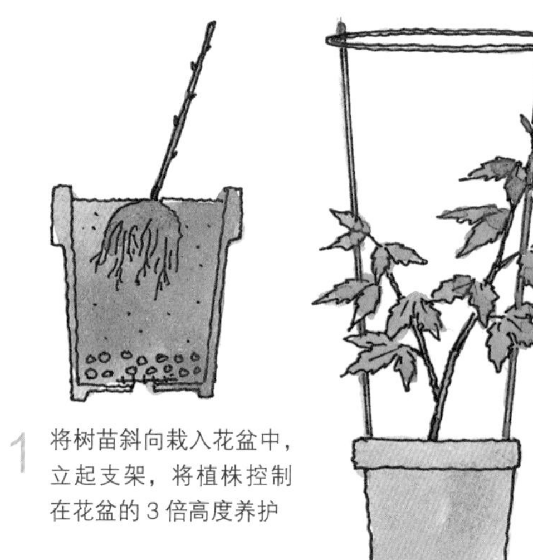

1 将树苗斜向栽入花盆中，立起支架，将植株控制在花盆的 3 倍高度养护

2 反复剪短枝梢以培育枝条。牵引在倒锥形支架上

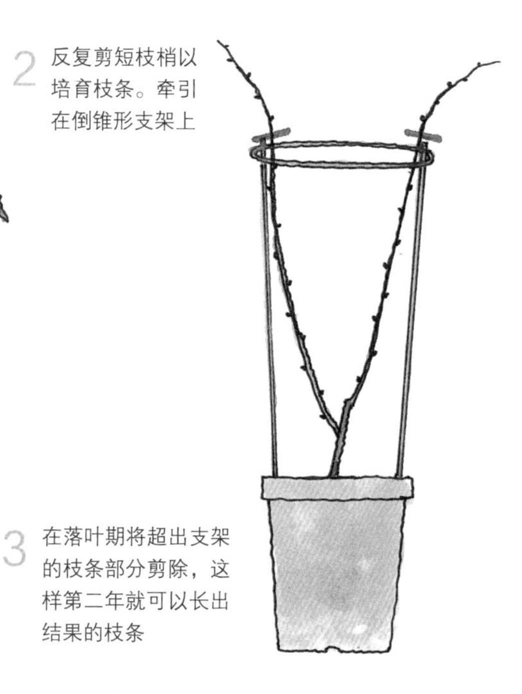

3 在落叶期将超出支架的枝条部分剪除，这样第二年就可以长出结果的枝条

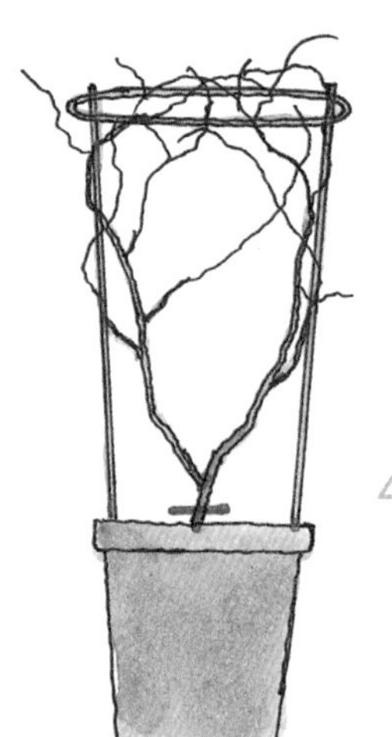

4 采收后从植株底部剪掉枝条，等待新枝生发

栽种要点

罗甘莓是树莓与黑莓的杂交品种，因为枝条上没有刺，非常方便养护。果实为酸度较高的小浆果，经常用于烹饪带酸味的菜肴或制作成酱料等形式使用。如果需要直接生食，则应等到完全熟透后再采收。

果不从底部剪除的话反而会促进枝条增加。

●提高果实品质

夏季在较强壮的新枝上萌发花芽，第二年从花芽长出新枝，在新枝枝梢处开花并结果。果实从红色变为深紫色时即可用手摘下来。新摘下来的美味可以直接享用，如果收获较多，也可以冷冻保存起来。

●施肥方法

冬季在植株周围的土壤表面掺入迟效肥料。

●需要警惕的病虫害

如遇高温多湿的气候条件导致通风不佳的话，易发灰霉病。如果发现发病的叶片需要马上剪除，并喷洒药剂。

小专栏

番茄、西瓜、草莓……
到底哪些是蔬菜，哪些是水果呢?

蔬菜和水果的划分边界是一个常年争论不休的话题。按照日本农林水产省的分类方法，西瓜及甜瓜为“果实型蔬菜”，即属于蔬菜中的一个分类。而常见的区分标准有：①植株为木本的则为水果，其他的都是蔬菜。②多年生植物为水果，一年生植物为蔬菜。但如果按照这个标准则草莓会被划入蔬菜之中。实际上按照日本农林水产省的分类，草莓与西瓜一样被划入了“果实型蔬菜”。在其他国家，有很多在日本被划为蔬菜的果实被划分到水果之中。这样看来，我们似乎依然只能按照日常中对水果的认知来区分了。

30种 其他果树

这里汇集了近年才开始受到关注的果树和在日本很少见到的果树品种。读者朋友们要不要一起尝试种一种，把果树栽培的范围再扩展一些呢?

可以赏花的果树

巴旦木

- 蔷薇科，落叶乔木，株高 2 ~ 8 m
- 原产地：西亚

巴旦木是桃子的近亲，主要食用种子的种仁部分。栽种方法与桃树相同，在 8 月末果肉成熟后剪取果实采收。具单株结果性，仅栽培一株就可以顺利采收。开白色或粉色的花，可以作为庭院观赏树种植。

有益健康的小浆果

野樱莓

- 蔷薇科，常绿灌木，株高 2 ~ 3 m
- 原产地：北美洲

这是自古以来一直被用来制作果酱、果汁、果酒的小浆果。因富含多酚类物质，近年来备受关注。还有一种结红色果实的品种叫作花楸果，耐寒性极强，喜稍偏湿的环境。

果实可以制成果酱等

荔莓

- 杜鹃花科，常绿灌木，株高 2 ~ 3 m
- 原产地：南欧

果实变红成熟后形似草莓，因而得名。开花类似吊钟花。果实稍带酸甜味，不是很适合直接生食，通常用于加工果酱或果酒。因植株会长出很多小枝，所以可当作绿篱种植。

通过人工授粉实现结果

天仙果

- 桑科，落叶灌木，株高 2 ~ 4 m
- 原产地：日本，韩国济州岛

雌雄异株，可以同时种植无花果等用于授粉。授粉只能依赖天仙果传粉小蜂，如果没有这种昆虫则需要人工授粉。4—5 月开花，10—11 月结果，果实可用于制作果酒。

果实大且甜，果皮易剥

伊予柑

- 芸香科，常绿灌木，株高 2 ~ 4 m
- 原产地：日本

据说是日本蜜柑与夏橙的杂交品种，因最早发现于日本山口县并在爱媛县育成，取爱媛地区古名“伊予”命名。虽然结果状况较好，但耐寒性弱，植株喜年平均气温在 15 ~ 16 ℃的环境。除直接生食外，还可以用于制作柑橘果酱等。

非常强健的野生柑橘类植物

枳

- 芸香科，落叶灌木，株高 2 m
- 原产地：中国南部

耐寒性和抗病性强，可以当作绿篱种植。较其他柑橘类的花期早，通常 4—5 月即开始开花，从秋季到冬季结果。其黄色的果实中籽较多，酸味较重，基本不适合直接生食。通常用于菜肴装饰，或用于制作果酒。

带有类似柠檬的柔和酸味

四季橘

- 芸香科，常绿灌木，株高 2 ~ 4 m
- 原产地：中国

四季橘会结出类似台湾香檬的小型果实。在菲律宾广泛作为柠檬的替代物食用。酸味较重，可以用于制作果汁或作为调料食用。如果采用盆栽方式种植可以全年开花。

自江户时代就深受日本人喜爱的小型柑橘

金钱橘（纪州蜜柑）

- 芸香科，常绿灌木，株高 3 ~ 4 m
- 原产地：中国

这是在日本最早广泛种植的柑橘。约 800 年前从中国传来的小柑橘在日本的和歌山县广泛种植。其果实偏小，比日本蜜柑重。在 5—6 月开花，10—11 月开始结果。在日本也称“小柑橘”。

通过改良而更美味的杂交柑橘

清见脐橙

- 芸香科，常绿灌木，株高 2 ~ 2.5 m
- 杂交品种

这是在 1949 年由日本蜜柑与原产于美洲的特罗维塔甜橙杂交育成的，果实皮薄易剥。除‘清见’与‘兴津’杂交育成的‘津之香’外，还有‘不知火’（丑橘）等，都是以‘清见’为基础育成的广受喜爱的品种。

口味酸甜，是荔莓的近缘植物

牛叠肚

- 蔷薇科，落叶乔木，株高 1 m
- 原产地：朝鲜半岛，中国、日本

与荔莓是近亲，结出的果实较大。植株为直立型，需要小心其茎上有很多刺。在 4—5 月开花，6 月果实变红成熟即可采收。果实既可直接生食，也可以加工成果酱等享用。

主要用于加工的柑橘类水果

柑子

- 芸香科，常绿灌木，株高 2 ~ 4 m
- 原产地：日本

这是日本自古以来一直栽培的柑橘类树木，果实偏小。在日本也称“薄皮蜜柑”“相模橘”等。果实虽然可以直接食用，但籽较多且酸味较重，所以通常用来做果汁或鸡尾酒。果皮有健胃功效。

甜美的果实独具魅力

欧亚山茱萸

- 山茱萸科，落叶小乔木，株高 3 ~ 6 m
- 原产地：欧洲

在日本也叫“西洋山茱萸”，开花和山茱萸很像，但果实比山茱萸大。可以选择‘优雅’（‘Elegant’）等可食用品种。果实甜味较重，除直接生食外还可以用来制作果酱等。如果不适当控制，植株可能会长得很高，需要通过修剪抑制长势。

可利用范围很广的果树

山楂

- 蔷薇科，落叶灌木，株高 1 ~ 3 m
- 原产地：中国

红色果实形似小苹果，有降血压的功效，可以入药。如果在煮肉时加入两三颗，可以使肉质更加松软。还可以用来制作果酒和干果。市面上可以购买到大果山楂等树苗。

非常耐寒的维生素宝库

沙棘

- 胡颓子科，落叶灌木，株高 2 ~ 4 m
- 原产地：中亚

植株非常耐寒且耐旱。果实橙黄色，富含维生素及矿物质，被誉为“维生素宝库”。雌雄异株，只栽种雌株无法正常结果，需要按照每 6 ~ 8 株雌株搭配 1 株雄株的标准种植。

果实酸味较强

狮子柚

- 芸香科，常绿小乔木，株高 2 ~ 5 m
- 原产地：不明

果实表面凸凹不平，直径可达 15 cm。果实酸味较重，不适合直接生食，可以做成柑橘果酱等。可以同株授粉，只种一株也可以顺利结果。耐寒性较弱，如果在冬季最低气温 0 ℃以下的区域种植，则须采用盆栽的形式。

富含花青素，是对眼睛有益的小浆果

乌饭子（南烛）

- 杜鹃花科，常绿大灌木，株高 1 ~ 3 m
- 原产地：日本

野生于日本的关东南部地区以西的山地，是与蓝莓等有亲缘关系的小果树。植株长势旺盛易栽培，在日本静冈县和爱知县等地自古以来作为绿篱种植。喜排水性良好的弱酸性土。可以同株结果，只种一株也可以正常结果。

因作为京都御所、紫宸殿前的“右近之橘”而广为人知

立花橘

- 芸香科，常绿灌木，株高 2 ~ 4 m
- 原产地：日本

野生环境下株高可达 3 m。耐寒性较强，可以栽种在庭院中，也可以采用盆栽种植。果实酸味较重，不适合生食，可以加工成柑橘果酱等。

红色小浆果非常可爱，可以作为观赏树种种植

平铺白珠果

- 杜鹃花科，常绿灌木，株高 10 ~ 20 cm
- 原产地：美洲东北部

在日本也称“姬柑子”。6—7 月开花，11 月至翌年 3 月结出红色的果实。耐热性较弱，除冷凉地区外，应采用盆栽方式种植。撕开树叶有类似膏药的药香。果实仅供观赏，不能食用。

甜香可口的冰激凌树

释迦

- 番荔枝科，常绿中乔木，株高 3 ~ 7 m
- 原产地：厄瓜多尔

果肉呈奶油状，可以用勺子盛取食用。在 5—8 月开花，需要留取花粉，待雌蕊成熟后将花粉沾在上面促进结果。果实可以早一些采收再在室内催熟。通常冬季会落叶，但最低可以耐受 -3 ℃的环境。

有“肚脐”的美味橙子

脐橙

- 芸香科，常绿灌木，株高 2 ~ 2.5 m
- 原产地：巴西

常见的品种有在日本由早生华盛顿脐橙改良而成的‘白柳’‘森田’‘吉田’‘铃木’等。果实大且甜，除直接生食外还可以加入沙拉等享用。如果将果实一直留到 2 月再采收可以有效提升甜度，但在寒冷地区需要尽早采收。

矿物质丰富的北国浆果

蜜莓

- 忍冬科，落叶灌木，株高 1 m
- 原产地：俄罗斯库页岛、日本北海道

别名“大果蓝靛果”，结出的果实比蓝靛果大一些。植株强健，但通常单株不易结果，需要至少 2 个品种混植。果实富含花青素和多种矿物质，具有很高的药用价值。

有着果冻口感的红色果实

红果仔

- 桃金娘科，常绿灌木，株高 3 ~ 8 m
- 原产地：巴西

这是在巴西非常受欢迎的果树。果实成熟后像果冻一样弹软，直接生食的风味非常独特，也可以加工成果酱、果冻、果酒等。9 月开花，10 月下旬至 11 月结果。

因突然变异而获得的独特美味

日向夏

- 芸香科，常绿乔木，株高 1 ~ 1.2 m
- 原产地：日本

也称“小夏”“新阳橙”等。通常认为这个品种是由香橙变异而来，比日本蜜柑稍大，带有酸味和一点独特的口味。带甜味的白色橘络可以一起食用。可以用来制作果汁和果酱。

通常用来制作日本常见的牡丹糖或糖渍文旦

文旦

- 芸香科，常绿乔木，株高 3 m
- 原厂地：东南亚地区、中国南部

在江户时代初期传入日本，有很多相关品种。糖渍文旦是将文旦的皮和果肉以砂糖腌渍而成的。果实采收后用几个月的时间催熟。可以直接生食或制作柑橘果酱，果皮可以制作草药。

风味醇厚的果实

香肉果

- 芸香科，常绿乔木，株高 3 ~ 10 m
- 原产地：中美洲高原地区，墨西哥

虽然大部分可以同株授粉，但部分品种需要进行人工授粉。适合栽培的温度为 20 ~ 30 ℃，冬季需要在保持 5 ℃以上的温度条件下越冬才能保证正常结果。果实的味道类似柿子与香蕉结合起来的甜味，果液丰沛，是很美味的水果。

叶片类似香桃木叶子的小型柑橘类植物

桃金娘叶橙

- 芸香科，常绿灌木，株高 3 m
- 原产地：中国

叶片偏小，叶形类似香桃木的叶片。植株生长缓慢，枝条较细，属小型柑橘类植物。虽然在日本常用于观赏，但在意大利会将其果实用砂糖腌渍的方式加工食用。

初夏里拥有爽脆口感的水果

莲雾

- 桃金娘科，常绿小乔木，株高 3 ~ 5 m
- 原产地：南美洲

为热带地区常见的水果，在日本冲绳县可以庭院栽种。品种较多，如果是矮生品种，株高为 1.5 m 左右，可以盆栽种植。果实水分较多，口感爽脆，在欧美也称作“玫瑰水苹果”，在初夏时节显得尤为可口。

别名"银桃花"

香桃木

- 桃金娘科，常绿灌木，株高 1 ~ 5 m
- 原产地：地中海沿岸到欧洲西南地区

开花 5 瓣，形似梅花，故又称"银梅花"。这是在希腊等地的婚礼上带有祝福之意的装饰植物。'丝毛贝瑞'（'Silky Berry'）为可食用品种，成熟后为黑紫色的甜味果实。

植株强健易栽培，是三叶木通的近亲

那藤

- 木通科，常绿藤本，株高 2 ~ 5 m
- 原产地：中国、日本等

与三叶木通有亲缘关系，植株常绿，果实成熟后不会开裂。可以同株授粉，所以仅种一株也可以正常结果。在日本自古以来一直有被食用的记录，更有日本天智天皇（626—672）吃过后盛赞的相关传说。

深受杨贵妃喜爱的果实女王

荔枝

- 无患子科，常绿乔木，株高 5 ~ 10 m
- 原产地：中国南部

因深受杨贵妃喜爱而广为人知。虽然属热带植物，但如果在低于 20 ℃的环境下没有达 3 个月时间则无法萌发花芽。在 5 月将雄花的花粉沾到雌花上可以有效提高结果率。果实冷藏后口味更佳。

编者简介

[日]船越亮二

1934 年生于日本埼玉县。毕业于东京农业大学农学部造园科。历任埼玉县住宅都市部绿地课长、财团法人埼玉县公园绿地协会理事。现在作为园艺专家，通过举办各种讲座、撰写园艺杂志文章从事园艺相关指导工作。

摄影　Arsphoto 企画　　插图　群境介　　日文版责任编辑 八木国昭（主妇之友社）

图书在版编目（CIP）数据

家庭果树栽培入门：轻松收获 100 种美味水果 /（日）船越亮二编；陶旭译 . — 武汉：湖北科学技术出版社，2021.1

ISBN 978-7-5706-0119-6

Ⅰ . ①家… Ⅱ . ①船… ②陶… Ⅲ . ①果树园艺 Ⅳ . ① S66

中国版本图书馆 CIP 数据核字 (2020) 第 183802 号

出 品 人：章雪峰　　责任编辑：张丽婷　周　婧

封面设计：胡　博　陈　帆　　督　　印：刘春尧

责任校对：王　梅

出版发行：湖北科学技术出版社

地　　址：武汉市雄楚大街 268 号湖北出版文化城 B 座 13—14 层

电　　话：027-87679468　　邮　　编：430070

网　　址：http://www.hbstp.com.cn

印　　刷：武汉市金港彩印有限公司　　邮　　编：430015

开　　本：787×1092　1/16　　印　　张：10.5

版　　次：2021 年 1 月第 1 版

印　　次：2021 年 1 月第 1 次印刷

字　　数：100 千字

定　　价：58.00 元

（本书如有印装质量问题，本社负责调换）